ZPW-2000A 型轨道电路应用丛书

ZPW-2000A 型轨道电路故障分析与处理

杨轶轩　徐宗奇　编著

中国铁道出版社有限公司

2019 年·北 京

内 容 简 介

本书针对ZPW-2000A型轨道电路的故障案例，从同频干扰类故障、电气化干扰类故障、分路不良类故障、道床泄漏类故障、传输设备故障、雷击故障等方面对故障原因进行深入分析，并归纳总结解决方案。

本书可供从事ZPW-2000A型轨道电路维护的专业技术人员学习和参考。

图书在版编目(CIP)数据

ZPW-2000A型轨道电路故障分析与处理 / 杨铁轩，徐宗奇编著 . — 北京：中国铁道出版社有限公司，2019.7

（ZPW-2000A型轨道电路应用丛书）

ISBN 978-7-113-25923-5

Ⅰ.① Z… Ⅱ.①杨… ②徐… Ⅲ.①轨道电路 – 故障诊断 Ⅳ. ① U284.2

中国版本图书馆CIP数据核字(2019)第119492号

书　　名：ZPW-2000A型轨道电路应用丛书
ZPW-2000A型轨道电路故障分析与处理

作　　者：杨铁轩　徐宗奇

策　　划：李嘉懿　崔忠文

责任编辑：李嘉懿　　**编辑部电话**：010-51873147　　**电子信箱**：ljy_jtu@163.com

封面设计：崔　欣

责任校对：苗　丹

责任印制：高春晓

出版发行：中国铁道出版社有限公司（100054，北京市西城区右安门西街8号）

网　　址：http://www.tdpress.com

印　　刷：中国铁道出版社印刷厂

版　　次：2019年7月第1版　2019年7月第1次印刷

开　　本：880 mm × 1 230 mm　1/32　印张：4.125　字数：100千

书　　号：ISBN 978-7-113-25923-5

定　　价：28.00元

前　言

轨道电路是列车运行控制系统的重要安全基础装备，其利用钢轨作为导体构成电路系统，列车轮对与钢轨接触形成电气短路，通过接收端电气状态变化实现区段占用空闲检查，通过钢轨向车载设备传递控制信息，并实时实现对钢轨完整性的检查。

ZPW-2000A型轨道电路是在法国UM71型无绝缘移频自动闭塞系统技术引进、国产化的基础上，结合中国国情进行的技术再开发，具有完全自主知识产权。在传输安全性、传输长度、系统可靠性、可维修性以及技术性价比等方面都具有国际领先优势。2003年6月，铁道部明确ZPW-2000作为全路统一发展制式，2004年获得铁道部科技进步一等奖、2006年获得国家科技进步二等奖。2008年，完成适用于列控中心通信编码和无砟轨道线路的研究开发，开始全面应用于我国的高速铁路建设中，并在安全可靠性、环境适应性、可维护性等方面取得了显著的技术进步，为推动我国列控技术发展、打造中国高铁核心竞争力起到了重要作用。截至2018年底，ZPW-2000A轨道电路在我国普速铁路应用已超过4万公里，在高速铁路应用已超过2.9万公里。

《ZPW-2000A型轨道电路应用丛书》共分为三册，由北京全路通信信号研究设计院集团有限公司的ZPW-2000A型轨道电路研发应用团队编写。该团队在十余年的科学研发与实际运用中，秉承“从理论中来，到工程中去”的原则，主编或参编了多项轨道电路相关技术标准，解决了绝缘破损机车信号越区传输防护、动车组分路、列车轮对电弧灼伤钢轨、无砟道床适应性、枢纽地区多线并行干扰防护、雷电保护、智能预警报警诊断定位、轨旁设备自监测等一系列技术难题，填补了行业空白。在维修维护领域，该团队始终奋战在现场一线，解决了我国铁路系统中大量“看不见、摸不着”的难题。本丛书共分为三册，分别从工程设计与施工、维护与调整、故障分析与处理三个方面对ZPW-2000A型轨道电路的应用进行阐述。希望本丛书可以帮助从事ZPW-2000A型轨道电路维护工作的专业技术人员全面掌握ZPW-2000A型轨道电路的设计、施工要领，维护与调整，故障处理的理念和技巧。

本书是《ZPW-2000A型轨道电路应用丛书》之一，根据ZPW-2000A轨道电路现场运用十余年来所发生的具有显著特征的故障案例，进行分析、归纳、提炼、总结而成。本书从同频干扰、电气化干扰、分路不良、道床漏泄、传输特性异常、雷击等各类故障的原理入手，提出步骤明确的处理思路，并结合编者亲身经历的典型案例对处理思路进行验证和扩展，旨在为读者揭示故障处理背后的知识体系，希望读者能够在此基础上有的放矢地进行设备维修维护和故障处理，并养成正向分析处理故障的习惯。本书可供从事ZPW-2000A型轨道电路维护的专业技术人员学习和参考。

本书由杨轶轩、徐宗奇编著。第一、二、三、五章由杨轶轩编写、第四章由刘瑞编写、第六章由阳晋编写。徐宗奇对全书进行文字整理和校对。

在编写过程中，得到了赵自信教授的悉心指导，也得到全路不少单位和同仁的支持和帮助，在此表示衷心的感谢。

由于时间紧、能力所限，错误、疏漏之处难以避免，敬请读者提出宝贵修改意见！

编　　者

2019年3月

目 录

第一章　同频干扰分析与处理

ZPW-2000A型轨道电路的同频干扰主要是指轨道区段自身工作频率的信号对其他对象（轨道电路区段、车载设备等）正常工作造成的影响，在工程建设和现场运营中的主要表现形式是邻区段干扰和邻线干扰。

第一节　邻区段干扰

一、干扰原因分析

ZPW-2000A型轨道电路邻区段干扰是指同线路两相邻区段间，信号越过电气绝缘节后形成的干扰。干扰信号由干扰源区段串入被干扰区段，如图1-1所示。

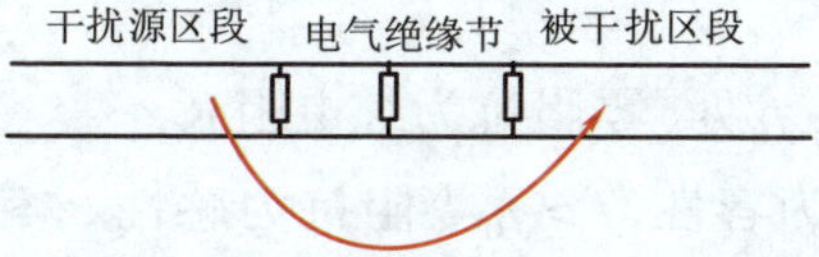

图1-1　邻区段干扰信号传输路径

ZPW-2000A型轨道电路电气绝缘节（也称“调谐区”或“小轨道”），其作用之一是阻止本区段信号进入相邻区段。采用对相邻区段频率的信号形成串联谐振呈现较低阻抗（也称“零阻抗”）的方式，短路相邻区段频率的信号。

调谐区结构如图1-2所示。

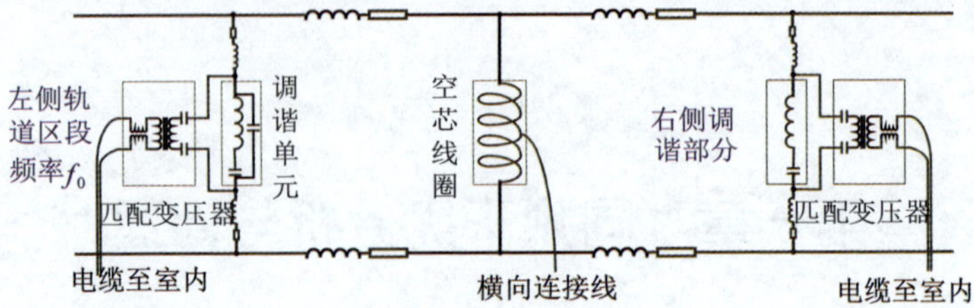

图 1-2　调谐区结构

对于左侧轨道区段的f_0=2 300 Hz频率信号，右侧调谐部分对其的谐振电抗和阻抗曲线如图1-3所示。

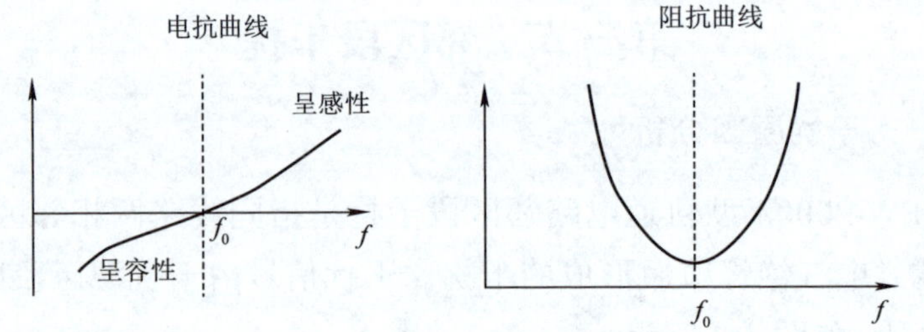

图 1-3　电抗曲线和阻抗曲线

在谐振频率点f_0处，零阻抗为纯电阻R。

$f<f_0$零阻抗为容性，$f>f_0$零阻抗为感性。零阻抗Z与频率、电感L、电容C均相关，如下式所示：

$$Z=R+\mathrm{j}\left(\omega L-\frac{1}{\omega C}\right)$$

因此，当f_0固定，L增大或C减小时，零阻抗会增大。

调谐设备通过钢轨引接线连接至钢轨，而对于移频信号来说钢轨引接线也是存在电阻和电感的，因此，ZPW-2000A型轨道电路调谐设备在出厂时串联支路电抗值略呈容性，正好可以抵消钢轨引接线电感的影响，同时，也对钢轨引接线的电感值进行了规定。通过上述方式可以保证在设备良好的条件下，调谐区“短路”相邻区段信号的效果达到最佳。

钢轨引接线的电感值不但与其材质有关，还与其安装方式有关。当长短引接线完全并拢布设时电感就是线缆本身的自感；当长短引接线间形成环状空间时，由于自感磁通Φ_L增加，使长短钢轨引接线的自感系数即电感L增大，从而使感抗增大破坏串联谐振，最终导致零阻抗增大。因此，在《高速铁路信号工程施工技术规程》（Q/CR 9607—2015）第8.5.3款中要求：ZPW-2000轨道电路的钢轨引接线应并拢布设。

另外，ZPW-2000A型轨道电路在信号传输环节，通过室内屏蔽线缆和室外内屏蔽铁路数字信号电缆来保证相邻的区段频率信号不会相互干扰。

经过多年的产品运用，现场出现邻区段干扰的主要原因是钢轨引接线材质或施工工艺不良导致零阻抗增大。

二、处理思路

邻区段干扰的排查思路主要分为确认干扰源、确认干扰途径、制定解决方案。

1.确认干扰源

（1）关闭被干扰区段列车运行后方区段发送器。

这是现场测试的前提条件，如果不关闭后方区段的发送器，会对测试值产生干扰。列车实际运行中，由于轮对短路，是无法收到后方干扰信号的，因此，关闭后方区段更符合实际工况。

（2）在被干扰区段轨面干扰较大的位置持续测量干扰频率的短路电流，逐一关闭与干扰信号相同载频区段的发送器。当关闭被干扰区段前方区段发送器时，干扰信号消失，确认邻区段为干扰源。

2.确认干扰途径

断开被干扰区段室外发送端电缆与设备连接处，如测试点处的短路电流基本无变化，可确定干扰途径与发送端室内外电缆串频无关，干扰信号来源于调谐区串频。反之，则干扰途径为电缆串频。

3. 电缆串频处理方法

应分段更换被干扰区段室内外电缆，直至轨面干扰较大位置的短路电流大幅降低。

4. 调谐区串频处理方法

（1）确定干扰源区段调整正确。主要是核对干扰源区段的发送端电平级、电缆模拟补偿长度是否符合调整表，发送、接收端轨面电压是否在调整表范围之内。

（2）调谐设备零阻抗测试，确认设备正常。使用移频表阻抗测量挡测试被干扰区段发送端调谐设备的零阻抗，测试方法如下（以CD96-3Z表为例，其他仪表参照测试）：

①使用CD96-3Z菜单中的“其他”→“ZPW2000在线阻抗”→“调谐单元阻抗”功能选项。

②电流钳卡在ZPW·PT型调谐匹配单元（以下简称“PT”）铜引线板双连接线内方点进行测试，电压表笔直接在引线板上测试，如图1-4所示。普速铁路测试ZPW·T型调谐单元，方法与PT相同。

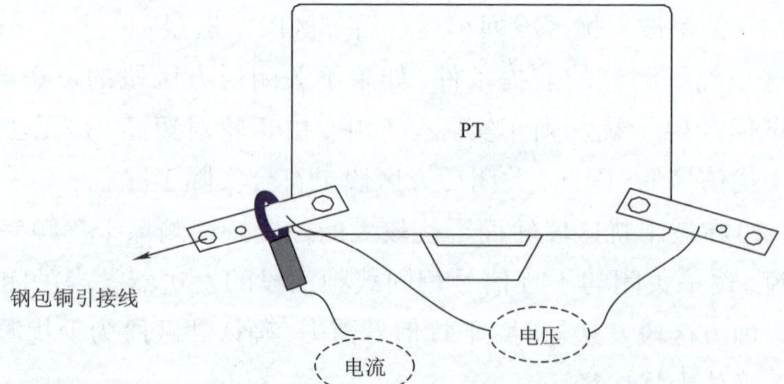

图1-4 PT电流、电压测试示意图

③在仪表指示稳定时读数，得到两组阻抗数值，与本区段载频相同的阻抗值为极阻抗，与邻区段载频相同的阻抗值为零阻抗。所得阻抗值为阻抗模值，不表达角度。

普速铁路与高速铁路调谐设备零阻抗指标相同，见表1-1。

表 1-1　调谐设备零阻抗指标

测试项目		1 700（Hz）	2 000（Hz）	2 300（Hz）	2 600（Hz）
零阻抗（Ω）	最小	0.030 4	0.034 2	0.017 6	0.022 2
	中值	0.045 9	0.054 1	0.041 5	0.050 7
	最大	0.061 7	0.075 3	0.065 3	0.079 1

正常工作状态下调谐设备零阻抗值一般在25～40 mΩ。如设备零阻抗测试值偏差较大，应更换调谐设备。

（3）调谐设备和钢轨引接线的零阻抗测试，确认钢轨引接线正常。

按照（2）中测试方法，将电压表笔移至钢轨引接线与钢轨连接处，读出零阻抗模值，该值应小于调谐设备的零阻抗模值。如钢轨引接线走线不标准，应将其并拢布设，如图1-5所示。

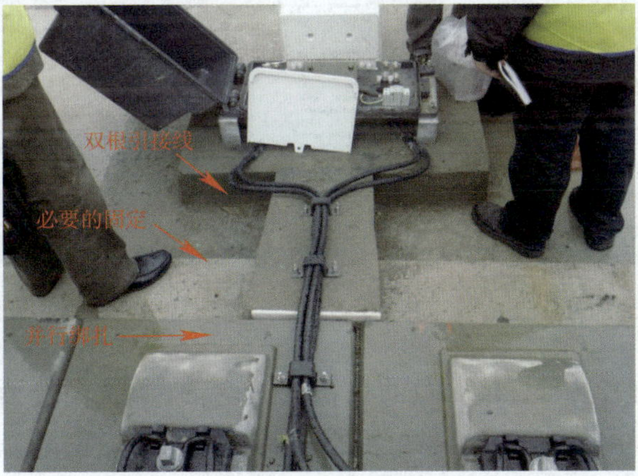

图 1-5　零阻抗测试

在现场实际测试中，长、短引接线并拢走线时调谐设备和钢轨引接线的零阻抗值比分开走线时显著降低。例如：某线13155BG发送端引接线并拢后零阻抗由43.3 mΩ降为37.4 mΩ，降幅13.6%，11202AG发送端引接线并拢后零阻抗由54.2 mΩ降为42.4 mΩ，降幅21.8%。

三、故障案例

（一）案例1

某线反方向运行时2442BG有2 600 Hz干扰220 mV，动检车数据如图1-6所示。

正方向运行时，关闭后方区段2442CG的主备发送设备，在2442BG的C5电容测得最大干扰信号，短路电流为260 mA，载频为2600-1。

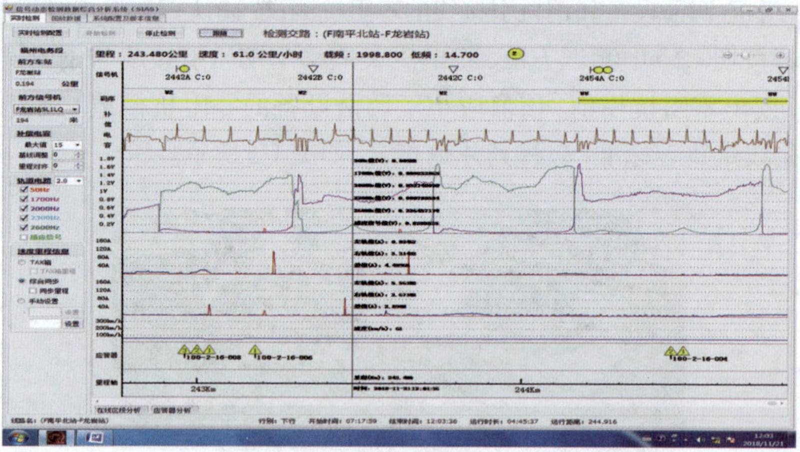

图1-6 动检车数据

关闭前方区段2442AG的主备发送设备，干扰信号消失。

恢复2442AG的主备发送设备，断开2442BG室外发送端电缆，干扰信号不变。

反方向运行时，关闭2442AG主备发送设备，在2442BG的C3电容测得最大干扰信号，短路电流为300 mA，测试结果为断开2442BG正向接收端室外电缆，干扰信号不变。

根据测试情况，可以确定为邻区段干扰。

干扰源区段调整检查见表1-2。

表1-2　干扰源区段调整检查

区段名称	线路类型	载频	电容数量	发送功出出压（V）	功出电平	主轨入电压（V）	主轨出电压（mV）	送端轨面电压（V）	受端轨面电压（V）	电缆补偿情况
2442AG	有砟路基	2600-1	5	136.2	3	3.21	305	2.9	2.08	正确
2442CG	有砟隧道	2600-2	5	135.7	3	3.2	303	2.96	1.92	正确

被干扰区段零阻抗测试见表1-3。

表1-3　被干扰区段零阻抗测试

	整理引线前–轨面上测试（mΩ）	整理引线后–轨面上测试（mΩ）
2442BG发送端	41	35.3
2442BG接收端	50.8	35.4
2454AG发送端	43	—

整理引接线前后的干扰信号变化情况见表1-4。

表1-4　引接线前后干扰信号变化情况

	干扰信号最大位置	整理引线前分路电流（mA）	整理引线后分路电流（mA）
正向	C5电容处	260	254
反向	C3电容处	300	245

整理钢轨引接线后动检车复测正常。

（二）案例2

现场反映某站13261AG、13247AG、13233AG的反方向运行时干扰超标。

1.13261AG（1 700 Hz）

改为反方向运行时后，断开13261AG正向接收端室外电缆，干扰值无变化。

首先排查了干扰源区段室内轨道电路调整情况，各类调整配线正确，然后对室外设备进行测试。

在钢轨C5电容附近，测得邻区段干扰信号最大，约360 mA。检查室外调谐设备阻抗，均正常。检查发送端钢轨引接线，发现现场为防止工务大机捣固损坏线缆，将钢轨引接线进行了分离处理，且引接线交叉次数较多，如图1-7所示。经过对引接线进行初步整理后如图1-8所示。

测试该区段测试点短路电流见表1-5。

图1-7　室外钢轨引接线现场情况

图 1-8　钢轨引接线初步整理

表 1-5　该区段测试点短路电流

测试位置	2 300 Hz 干扰整线前（mA）	2 300 Hz 干扰整线后（mA）
干扰最大值C6至C5间	360	181
C5	294	177

整理钢轨引接线后动检车复测恢复正常。

2.13247AG（1 700 Hz）

改为反向后，断开13247AG正向接收端室外电缆，干扰值无变化。

首先排查了干扰源区段室内轨道电路调整情况，各类调整配线正确。

对室外设备进行测试：在C5至C4间邻区段干扰信号最大，邻区段2 300 Hz干扰短路电流为320 mA，邻线2 600 Hz干扰短路电流为171 mA。

检查发现发送端钢轨引接线安装如图1-9所示。

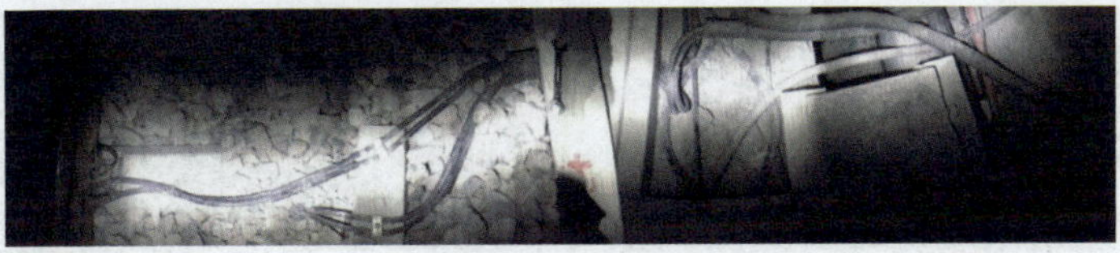

图 1-9　发送端钢轨引接线现场安装

经过对引接线进行初步整理后如图1-10所示。

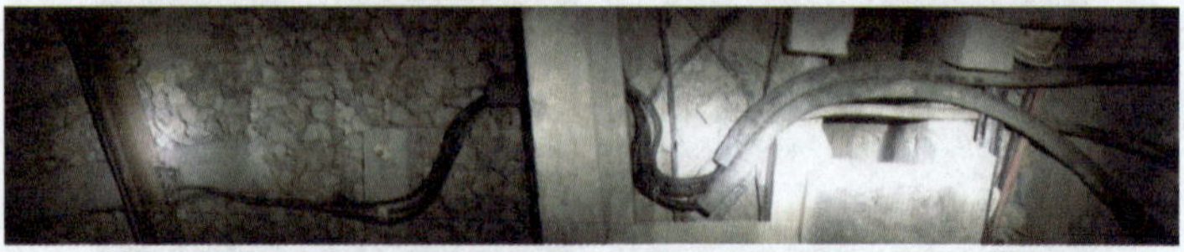

图1-10 引接线初步整理

测试该区段测试点短路电流见表1-6。

表1-6 该区段测试点短路电流

测试位置	2 300 Hz干扰整线前（mA）	2 300 Hz干扰整线后（mA）	2 600 Hz干扰整线前（mA）	2 600 Hz干扰整线后（mA）
干扰最大值C5至C4间	320	184	171	140
C5	271	182	187	174

整理钢轨引接线后动检车复测恢复正常。

3.13233AG（1 700 Hz）

改为反方向运行后，断开13233AG正向接收端室外电缆，干扰值无变化。

首先排查了干扰源区段室内轨道电路调整情况，各类调整配线正确。

对室外设备进行测试：在C5至C4间邻区段干扰短路电流信号最大，邻区段2 300 Hz干扰短路电流为390 mA，邻线2 600 Hz干扰短路电流为160 mA。

检查发现发送端钢轨引接线安装如图1-11所示。

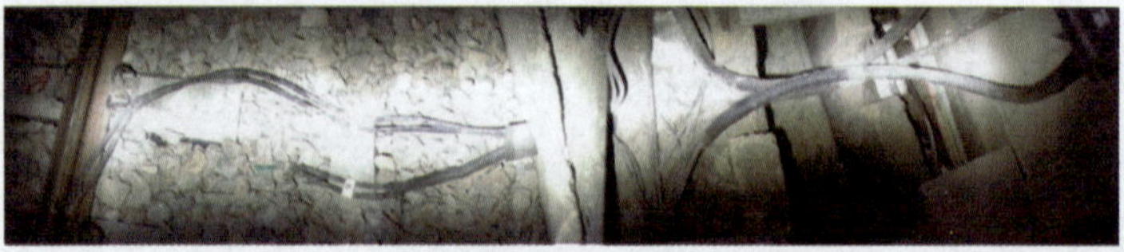

图1-11 发送端钢轨引接线现场安装

经过对引接线进行初步整理后如图1-12所示。

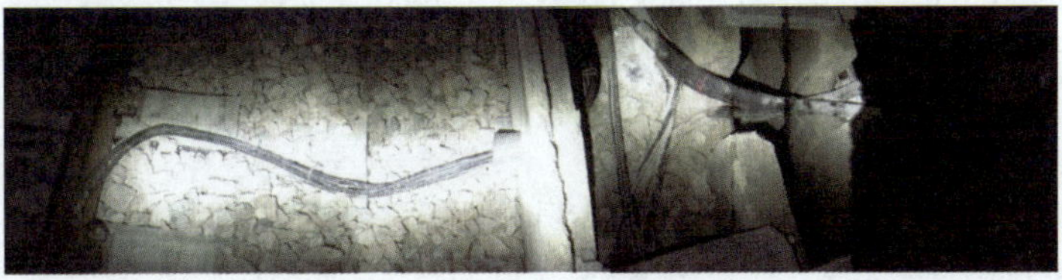

图1-12　钢轨引接线初步整理

测试该区段测试点短路电流见表1-7。

表1-7　该区段测试点短路电流

测试位置	2 300 Hz干扰整线前（mA）	2 300 Hz干扰整线后（mA）	2 600 Hz干扰整线前（mA）	2 600 Hz干扰整线后（mA）
干扰最大值C5至C4间	390	198	160	141
C5	316	189	121	112

整理钢轨引接线后动检车复测恢复正常。

（三）案例3

某高铁区间上行线G280、G6106、G840、G6002等多次列车车载设备出现“轨道电路信息读取器故障”、“CTCS-2故障”报警提示。部分列车司机手动停车，重启后正常。

1. 车载分析结论

车载专业分析为列车运行至K1994+170位置时，轨道电路信息读取器（TCR）的主机板A和主机板B均收到混叠的地面信号，导致TCR主机板双路比较不一致，造成车载设备报“轨道电路信息读取器故障”。

现场平面示意如图1-13所示。

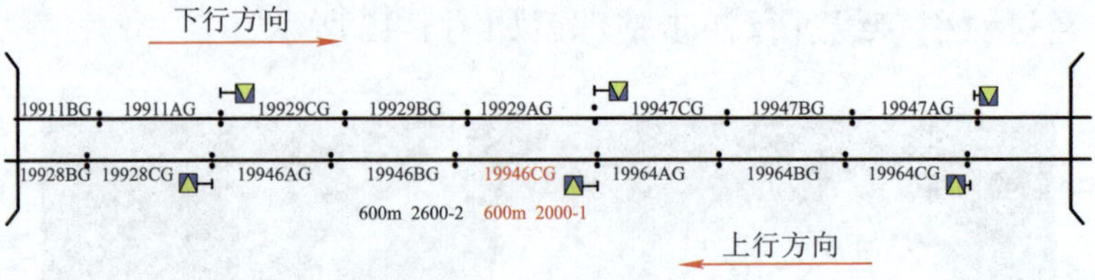

图 1-13　现场平面示意图

根据车载专业分析结论，地面故障点位于19946CG内。

2. 轨道电路工作状态检查

（1）调整情况检查

检查19946CG的调整情况，数据和结论见表1-8。

表 1-8　19946CG调整情况检查

发送端电缆环阻	发送端电缆换算长度	发送端电缆补偿长度	接收端电缆环阻	接收端电缆换算长度	接收端电缆补偿长度	区段调整情况
176 Ω	3.91 km	3.5 km	143 Ω	3.17 km	4.25 km	符合要求
现场线路类型	现场调整发送电平	现场调整接收电平	主轨入电压	主轨出电压	与调整表是否一致	
无砟隧道	2	17	2.45 V	354 mV	是	

（2）监测数据调阅

调阅19946CG及前后区段电压曲线，发现19946CG、19946BG主轨出电压从12月20起存在缓慢下降趋势，如图1-14所示。

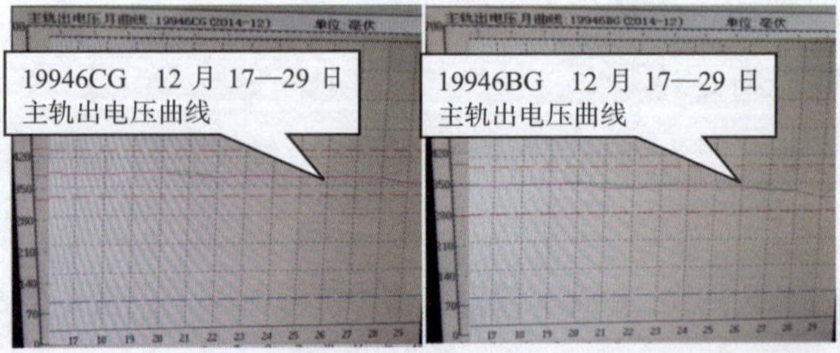

图 1-14　19946CG及前后区段电压曲线

调阅每小时曲线，发现19946CG主轨出电压由385 mV下降至359 mV，下降了26 mV，曲线如图1-15所示。

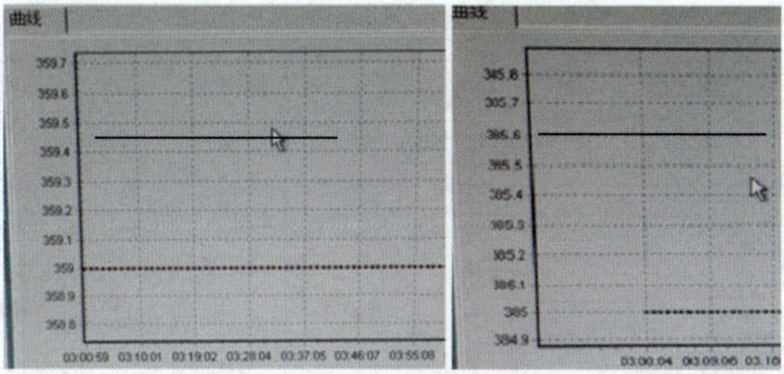

图1-15　19946CG主轨出电压每小时曲线

19946BG主轨出电压由354 mV下降至316 mV，下降了38 mV，如图1-16所示。

根据室内监测数据调阅情况，19946BG、19946CG主轨出电压存在异常的下降现象。需重点对室外F19940分割点（19946BG与19946CG之间），以及19946CG轨道电路参数进行测试。

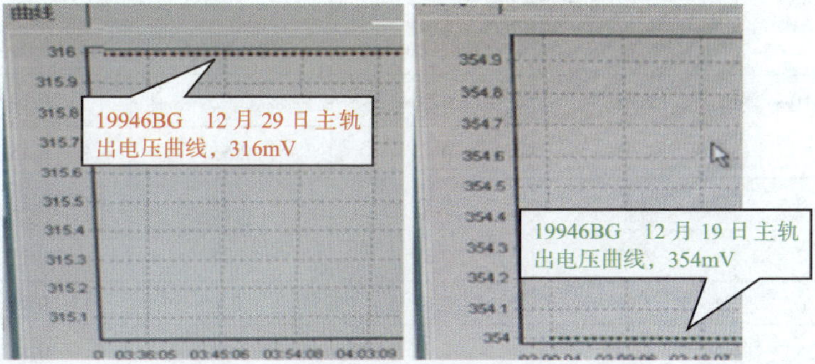

图1-16　19946BG主轨出电压每小时曲线

3. 现场测试

首先对F19940分割点进行阻抗测试，发现19946CG发送端调谐设备的零阻抗值异常，更换发送端调谐设备后零阻抗值恢复正常，具体数据见表1-9。

表1-9 发送端调谐设备阻抗测试

<table>
<tr><td rowspan="3">测试设备</td><td>测试值</td><td colspan="3">标准值</td><td>测试值</td><td colspan="3">标准值</td></tr>
<tr><td rowspan="2">极阻抗（Ω）</td><td colspan="3">2 000 Hz极阻抗（Ω）</td><td rowspan="2">零阻抗（Ω）</td><td colspan="3">2 600 Hz零阻抗（Ω）</td></tr>
<tr><td>最小</td><td>中值</td><td>最大</td><td>最小</td><td>中值</td><td>最大</td></tr>
<tr><td>19946CG发送端既有设备</td><td>0.42</td><td rowspan="2">0.396 5</td><td rowspan="2">0.424 6</td><td rowspan="2">0.450 7</td><td>0.175</td><td rowspan="2">0.022 2</td><td rowspan="2">0.050 7</td><td rowspan="2">0.079 1</td></tr>
<tr><td>19946CG发送端更换设备</td><td>0.42</td><td>0.05</td></tr>
</table>

分别在维持19946CG发送端既有调谐设备、更换19946CG发送端调谐设备两种状态下，测试19946CG轨面2 000 Hz、2 600 Hz频率的分路电流，具体数据见表1-10。

表1-10 轨面2 000 Hz、2 600 Hz频率分路电流

<table>
<tr><td rowspan="3">测试点</td><td colspan="2">既有19946CG发送端</td><td colspan="2">更换19946CG发送端</td></tr>
<tr><td colspan="2">分路电流（0.25Ω）</td><td colspan="2">分路电流（0.25Ω）</td></tr>
<tr><td>2 000 Hz（A）</td><td>2 600 Hz（A）</td><td>2 000 Hz（A）</td><td>2 600 Hz（A）</td></tr>
<tr><td>C10</td><td>2.22</td><td>0.56</td><td>2.82</td><td>0.14</td></tr>
<tr><td>C9</td><td>1.71</td><td>0.26</td><td>2.53</td><td>0.15</td></tr>
<tr><td>C8</td><td>1.8</td><td>0.24</td><td>2.53</td><td>0.12</td></tr>
<tr><td>C7</td><td>2.22</td><td>0.39</td><td>2.24</td><td>0.11</td></tr>
<tr><td>C6</td><td>3</td><td>0.62</td><td>2.3</td><td>0.11</td></tr>
<tr><td>C5</td><td>2.24</td><td>0.23</td><td>2.44</td><td>0.18</td></tr>
<tr><td>C4</td><td>1.74</td><td>0.28</td><td>2.15</td><td>0.14</td></tr>
<tr><td>C3</td><td>1.68</td><td>0.31</td><td>2.09</td><td>0.1</td></tr>
<tr><td>C2</td><td>1.68</td><td>0.44</td><td>1.98</td><td>0.11</td></tr>
<tr><td>C1</td><td>1.92</td><td>0.3</td><td>2</td><td>0.165</td></tr>
</table>

分路电流曲线如图1-17所示。

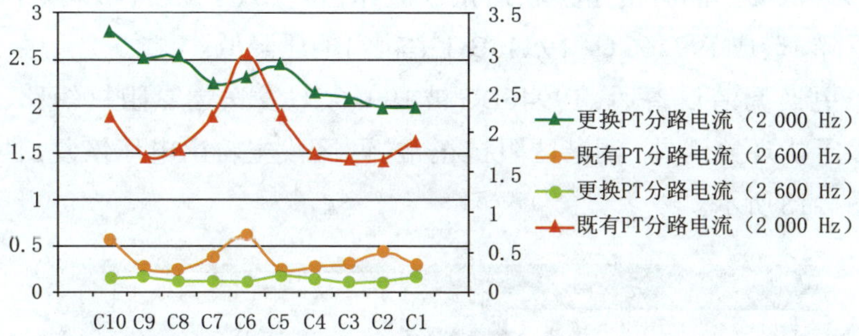

图1-17　轨面2 000 Hz、2 600 Hz频率分路电流曲线

根据曲线图可知：

（1）19946CG发送端维持既有调谐设备，本区段2 000 Hz分路电流曲线波动较大、前方区段干扰2 600 Hz分路电流曲线值较大，超过通用机车信号的灵敏度门限。

（2）19946CG发送端更换调谐设备，本区段2 000 Hz分路电流升高且曲线相对平滑、前方区段干扰2 600 Hz分路电流曲线值较小，低于通用机车信号的灵敏度门限。

通用机车信号灵敏度门限值见表1-11。

表1-11　通用机车信号灵敏度门限值

载频（Hz）	1 700	2 000	2 300	2 600
钢轨最小短路电流（mA）	500	500	500	450
机车信号灵敏度（钢轨短路电流值）（mA）	310 ± 31	275 ± 28	255 ± 26	235 ± 24

通过现场测试，维持既有调谐设备时，与列车车载设备报警时ATP接收地面信息相似。更换调谐设备后，地面信息异常情况消失。

4.分析及结论

19946CG发送端调谐设备零阻抗值升高，降低了两相邻轨道电路信号间的隔离性能，导致前方19946BG地面信号越区传输，干扰至19946CG。同时由于并联谐振被破坏，也导致了F19940调谐区阻抗下降，造成19946CG、19946BG主轨出电压降低。

更换调谐设备后，19946BG被19946CG发送端零阻抗短路，邻区段干扰现象消失，调谐区阻抗正常，两区段主轨出电压恢复，曲线如图1-18所示。

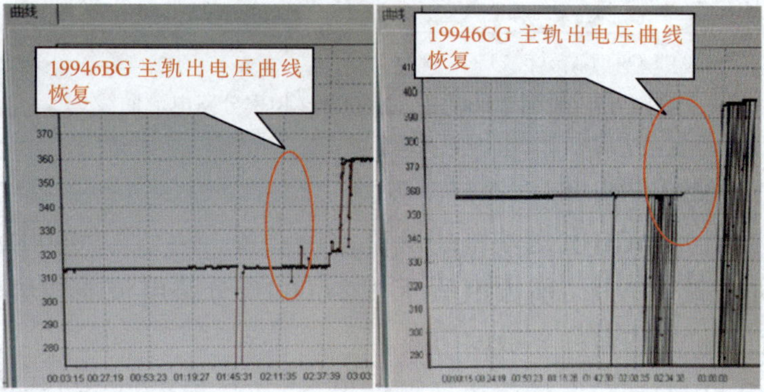

图1-18　区段主轨出电压曲线

5.车载数据分析

以G6106次列车8端TCR故障为例分析。

（1）问题描述

运行过程中DMI提示“轨道电路信息读取器故障”、“CTCS-2故障”。

（2）问题分析

从JRU记录分析，11:14:32，运行至K1994+170处，DMI显示“轨道电路信息读取器故障”，TCR故障进而导致C2故障，故障截图如图1-19所示。

从TCR记录分析：

11:11，TCR的主机板A和主机板B均报故障代码“DB”，表示

TCR主机板双路比较不一致，通常为地面信号混叠造成，主机板A和主机板B同时出现双路比较不一致造成ATP的DMI报“轨道电路读取器故障”。TCR故障记录截图如图1-20所示。

将TCR记录的波形2 600 Hz带通滤波，信号载频2 600 Hz、低频21.3 Hz、幅度190 mV左右，满足TCR译码要求。2 600 Hz波形如图1-21所示。

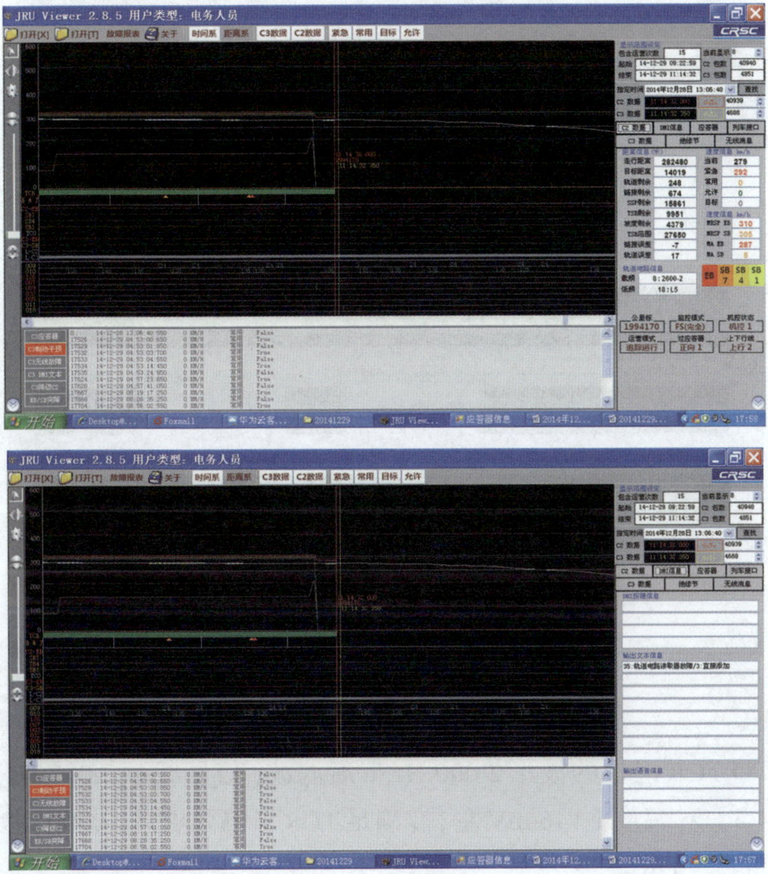

图 1-19　故障截图

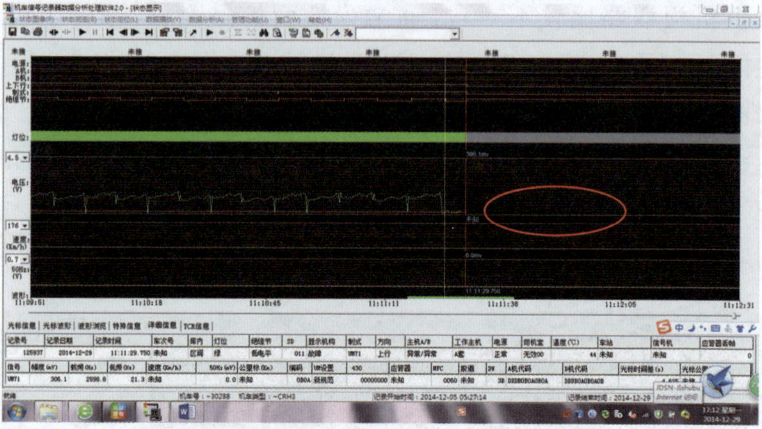

图 1-20　TCR 故障记录截图

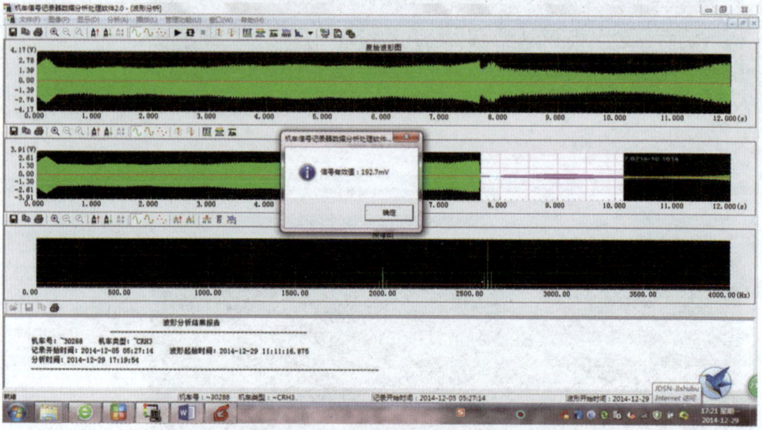

图 1-21　2 600 Hz 波形

将TCR记录的波形2 000 Hz带通滤波，信号载频2 000 Hz、低频21.3 Hz、幅度1 146 mV左右，满足TCR译码要求。2 000 Hz波形如图1-22所示。

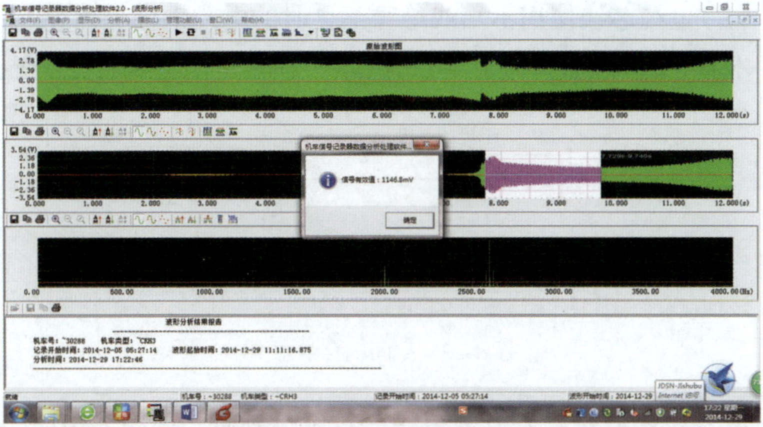

图 1-22　2 000 Hz 波形图

综上所述：此次TCR异常是由K1994+170处接收到的地面信号存在混叠造成，建议检查地面信号。

（3）结论

上行K1994+170处地面信号存在混叠，导致TCR故障。

（4）处理措施

建议检查地面信号。

第二节　邻线干扰

一、干扰原因分析

ZPW-2000A型轨道电路邻线干扰是指相邻两线路的轨道电路区段间产生的干扰。邻线干扰产生的主要原因有：

（1）轨道电路正常条件下通过电磁场形成的空间耦合干扰；

（2）轨道电路故障条件下通过横向连接线、回流线、地线等连接通道形成的传导干扰；

（3）电缆芯线使用不当或绝缘不良时的电缆耦合干扰。

本节主要讨论前两种原因导致的干扰。空间耦合示意如图1-23所示。

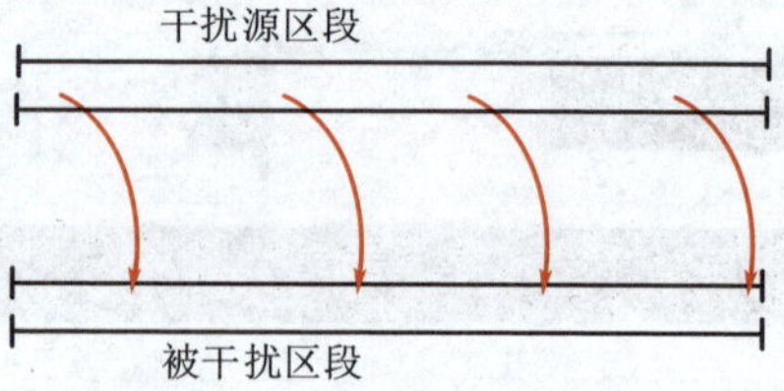

图1-23 空间耦合示意图

每个轨道电路区段对于交流信号来说都是一个闭合回路，把干扰源区段看作线圈1，把被干扰区段看作线圈2，那么，当交变电流通过线圈1时，互感磁通Φ_{21}的变化便在线圈2中感应出互感电压U_{12}。如图1-24所示。

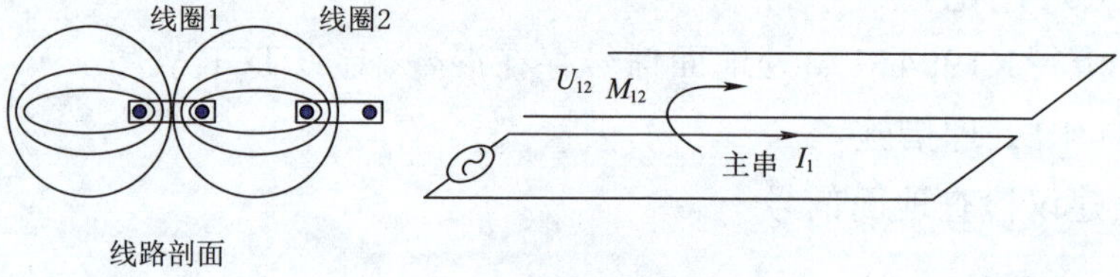

图1-24 电缆间耦合原理图

被干扰区段的互感电压U_{12}与干扰源区段的电流变化$\mathrm{d}I_1/\mathrm{d}t$以及相邻两线路间的互感系数$M_{12}$有如下的关系：

$$U_{12}=\frac{\mathrm{d}\Phi_{21}}{\mathrm{d}t}=M_{12}\times\frac{\mathrm{d}I_1}{\mathrm{d}t}$$

互感系数M_{12}主要由线间距、线路结构（路基、桥梁、隧道）、线路间构筑物（如挡砟墙、站台等）、道砟电阻决定，电流变化率主要由干扰源区段的频率、轨面电压、并行长度决定。可以说空间电磁耦合导致的邻线干扰是一个客观的物理现象。

邻线干扰分为上下行干扰和同频干扰两类。

（1）上下行干扰

ZPW-2000A型轨道电路从设计之初就是通过区分上下行的载频进行防护的，未对上下行间的邻线干扰进行控制。那么上下行间的邻线干扰值是线路确定后的既成值，大或小都不会影响列车的正常运行，从信号系统的角度看，其影响的两个对象特性为：

①地面的轨道电路接收器，但接收器只接收本区段频率，不会识别其他频率信号。

②车载设备，但车载设备是锁频的，不会产生错误的影响。

动态检测车的邻线干扰量值是反映轨道电路、线路本身健康状态的一个表征，需要引起重视。轨道电路本身是一个对称平衡的系统，如电缆、钢轨都是对称平衡的均匀传输线，这种平衡是防护外部干扰的一种途径。当这种平衡被打破，那就会带来一些问题，假如一侧钢轨线路接了地，本区段电压产生的变化很小，很难被察觉，但是通过邻线干扰量值就有可能判定出来。

（2）同频干扰

在多条线路引入的枢纽地区，经常会出现相同行别的线路并行，对于车载和地面设备来说，对同频的信号是没有防护能力的。因此，同频干扰可能会引发安全问题，从信号系统的角度看，其影响的两个对象特性为：

①地面轨道电路信息接收器，同频的干扰电压与区段本身的正常电压叠加会影响其安全工作。如果轨道电路在吸起状态，加入同频干扰后可造成轨道电路不能可靠落下；如果轨道电路在落下状态，加入同频干扰后可造成轨道电路错误吸起。

②车载设备，被干扰区段的干扰量如超过机车动作门限值，可能会被车载设备错误接收，引起机车信号升级。

同频干扰的防护主要是在工程设计阶段通过频率交错布置、并行长度控制、增加高阻抗扼流变压器等方式实现。

二、处理思路

邻线干扰的排查思路仍然是确认干扰源、确认干扰途径、制定解决方案。

1. 确认干扰源

在被干扰区段轨面干扰较大位置持续测量干扰频率的短路电流，逐一关闭与干扰信号相同载频区段的发送器。当关闭被干扰区段并行相邻区段发送器时，干扰信号消失，确认邻线区段为干扰源。

2. 确认干扰途径

（1）断开被干扰区段室外发送端电缆与设备连接处，如测试点处的短路电流基本无变化，可确定干扰途径与发送端室内外电缆串频无关，干扰信号来源于室外邻线干扰。反之，则干扰途径为电缆串频。

（2）拆除被干扰区段的横向连接线、地线，测试点处的短路电流不发生变化则干扰与传导无关，来源于钢轨间的耦合。若短路电流大幅降低则检查扼流变压器半线圈阻抗是否平衡或横向连接线、地线连接情况。

3. 钢轨耦合干扰排查方法

（1）确定干扰源区段调整正确。主要是核对干扰源区段的发送端电平级、电缆模拟补偿长度是否符合调整表，送受端轨面电压是否在调整表范围之内。

（2）较大的钢轨对地电压不平衡等同于钢轨单侧接地，成为引入邻线干扰的主要原因，如图1-25所示。

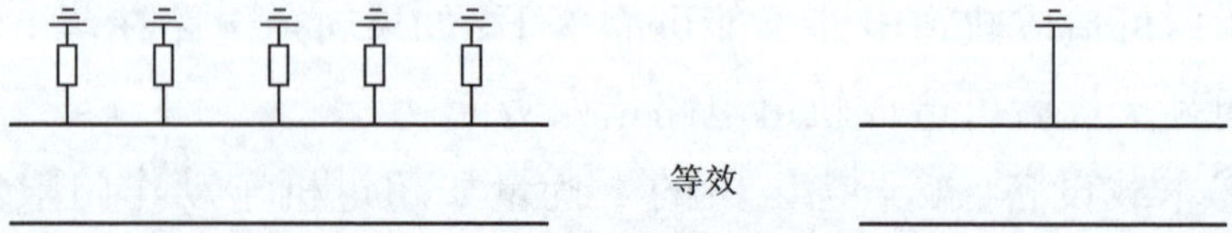

图1-25 邻线干扰主要成因

测试钢轨对地电压不平衡度可以找出问题点所在的位置。在被干扰区段测试轨面电压及轨条对地电压，计算各测试点处的钢轨对地不平衡系数。

不平衡系数=(U_A–U_B)/ U_0，测试方法如图 1-26 所示。

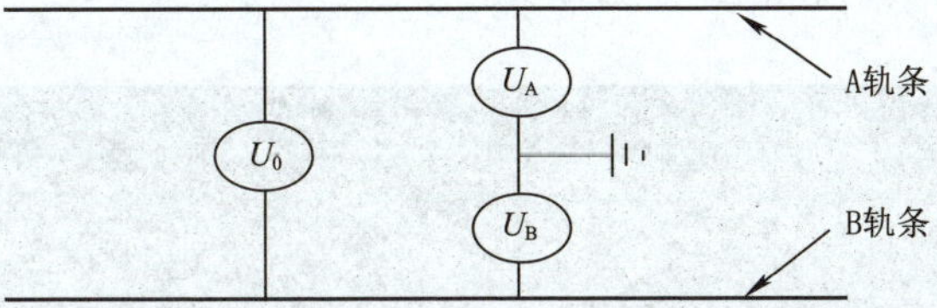

图 1-26　钢轨对地电压不平衡系数测试方法

需在钢轨对地不平衡系数较大的区域内查找原因，一般是由于钢轨接地或钢轨扣件等绝缘程度达不到标准所致。

三、故障案例

（一）案例 1

1. 问题描述

某站525BG反方向时存在 2 600 Hz 的干扰信号，曲线如图1-27所示。

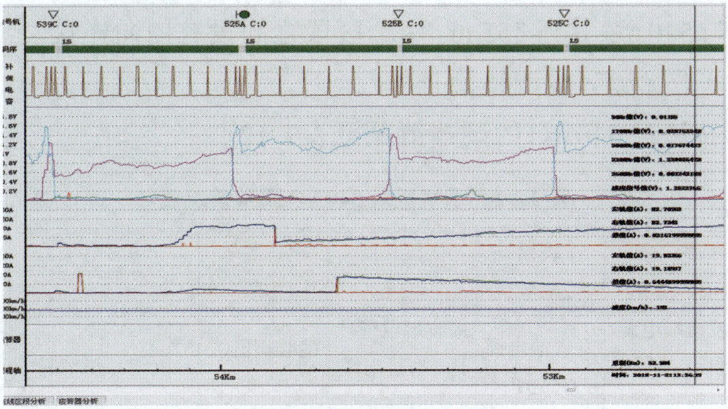

图 1-27　干扰信号曲线

根据动检车检测曲线可知，在距离接收端第5个电容位置干扰信号最大，最大值为210 mV，频率为2 600 Hz。

2. 现场调查情况

(1)线路基本情况

线路基本情况如图1-28所示。

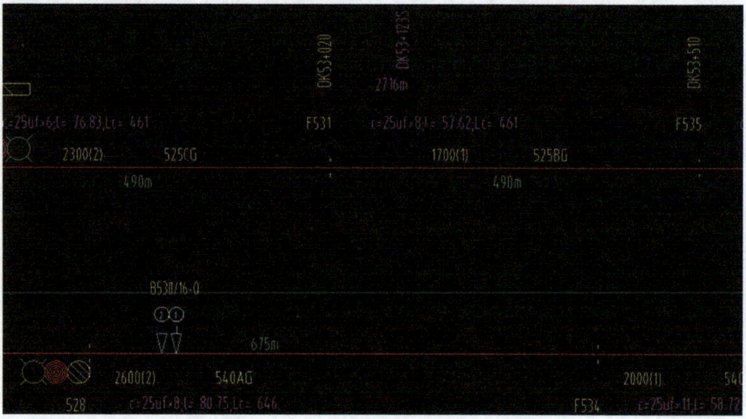

图1-28　线路基本情况

图1-24中，525BG为有砟隧道区段，区段长度490 m，载频为1700-1；540AG为有砟隧道区段，区段长度675 m，载频为2600-2。525BG与540AG并行355 m，两个区段之间没有横向连接。

(2)干扰源区段调整检查

干扰区段540AG的调整情况见表1-12。

表1-12　干扰区段540AG调整情况表

区段	线路类型	载频	区段长度	电容数量	功出电平	接收电平
540AG	有砟隧道	2600-2	675 m	8	2	12
区段	发送端电缆环阻、换算电缆长度	发送端电缆补偿	接收端电缆环阻、换算电缆长度	接收端电缆长度	电缆补偿情况	发送功出电压
540AG	180 Ω、4 km	5.5 km	158 Ω、3.5 km	6.25 km	发送端少补偿500 m	157 V

续上表

区段	主轨入电压	主轨出电压	受端轨面电压	C1轨面电压	C2轨面电压	C3轨面电压
540AG	3.65 V	0.371 V	2.29 V	2.56 V	3.16 V	3.45 V
区段	C4轨面电压	C5轨面电压	C6轨面电压	C7轨面电压	C8轨面电压	送端轨面电压
540AG	3.01 V	3.1 V	3.76 V	3.76 V	3.45 V	3.25 V

现场调查发现，540AG的发送端电缆少补偿了500 m。

(3)室外查找及测试情况

①使用分路杆在525BG的C5电容处做分路测试(分路电阻选0 Ω挡)，测得265 mA的干扰电流，载频为2600-2。

②关闭邻线540AG主备发送后，在525BG的C5电容处测试，测得2 600 Hz的分路电流为3 mA，干扰信号消失。

③恢复540AG主备发送后，分别断开525BG发送端和接收端室外电缆，干扰情况依旧。

④分别测试540AG和525BG的单轨对地电压。540AG和525BG的两钢轨对地电压基本平衡。

3.调查结论及处理方法

根据现场测试可以得到，525BG的2 600 Hz干扰信号来源于邻线540AG，通过线路耦合产生。干扰源区段540AG的发送端电缆少补偿500 m，发送端轨面电压较高，将540AG的发送端电缆按照10 km补偿后，分路电流降低到200 mA以下，邻线干扰情况得到改善。

(二)案例2

某高铁车站自开通以来，股道区段的轨道电路接收电压呈正弦波动。车站平面布置如图1-29所示。

经对股道的频率和线间距进行调查，下行股道ⅠG、3G、5G、7G载频布置分别为2300-2、1700-2、1700-2、1700-2，站内上行股道ⅡG、4G、6G、8G载频布置分别为2600-2、2000-2、2000-2、2000-2。线间距和股道长度见表1-13。

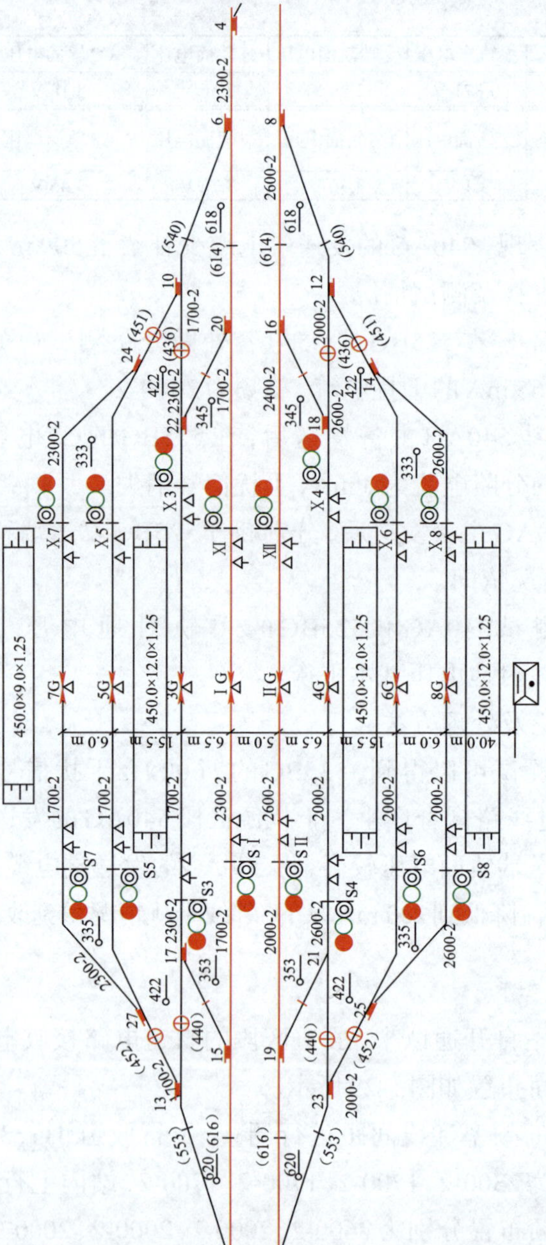

图 1-29 车站平面布置图

表 1-13 线间距和股道长度

<table>
<tr><th rowspan="2">股道编号</th><th rowspan="2">有效长（m）</th><th rowspan="2">线别</th><th rowspan="2">线间距（m）</th></tr>
<tr></tr>
<tr><td rowspan="2">7</td><td rowspan="2">610</td><td rowspan="2">到发线</td><td></td></tr>
<tr><td rowspan="2">6.0</td></tr>
<tr><td rowspan="2">5</td><td rowspan="2">610</td><td rowspan="2">到发线</td></tr>
<tr><td rowspan="2">15.5</td></tr>
<tr><td rowspan="2">3</td><td rowspan="2">610</td><td rowspan="2">到发线</td></tr>
<tr><td rowspan="2">6.5</td></tr>
<tr><td rowspan="2">Ⅰ</td><td rowspan="2">580.5</td><td rowspan="2">正线</td></tr>
<tr><td rowspan="2">5.0</td></tr>
<tr><td rowspan="2">Ⅱ</td><td rowspan="2">580.5</td><td rowspan="2">正线</td></tr>
<tr><td rowspan="2">6.5</td></tr>
<tr><td rowspan="2">4</td><td rowspan="2">610</td><td rowspan="2">到发线</td></tr>
<tr><td rowspan="2">15.5</td></tr>
<tr><td rowspan="2">6</td><td rowspan="2">610</td><td rowspan="2">到发线</td></tr>
<tr><td rowspan="2">6.0</td></tr>
<tr><td rowspan="2">8</td><td rowspan="2">610</td><td rowspan="2">到发线</td></tr>
<tr><td></td></tr>
</table>

由于车站内相邻的股道采用了相同载频，导致地面轨道电路接收器接收邻线干扰信号，造成电压波动。最终，结合其他改造工程将5G载频由1700-2改为1700-1、6G载频由2000-2改为2000-1，相邻股道间无相同载频，接收电压波动故障消失。

（三）案例3

某普速线路动态检测车在338G内检测到幅值较大的邻线干扰信号，干扰曲线如图1-30所示。

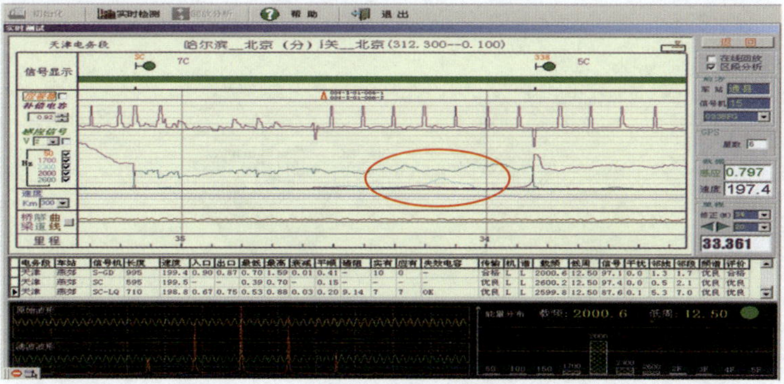

图 1-30 邻线干扰信号曲线示意图

现场调查发现被干扰区段范围内的414杆塔电力安全地线直接接至钢轨，如图1-31所示，造成钢轨单侧直接接地，动检车发现干扰信号最大处恰恰位于此附近，该方式造成了轨道电路两轨的对地不平衡，可能是造成邻线干扰信号量加大的原因。拆除后，动检车再次测试，干扰信号消失。

图1-31 现场示意图

第二章　电气化干扰分析与处理

第一节　电气化铁路干扰

一、电气化铁路供电方式简介

我国电气化铁路的主要供电方式有以下几种：

1.直接供电方式

直接供电方式也称“T-R”供电方式，由接触网向列车受电弓供电，通过钢轨回流，原理如图2-1所示。

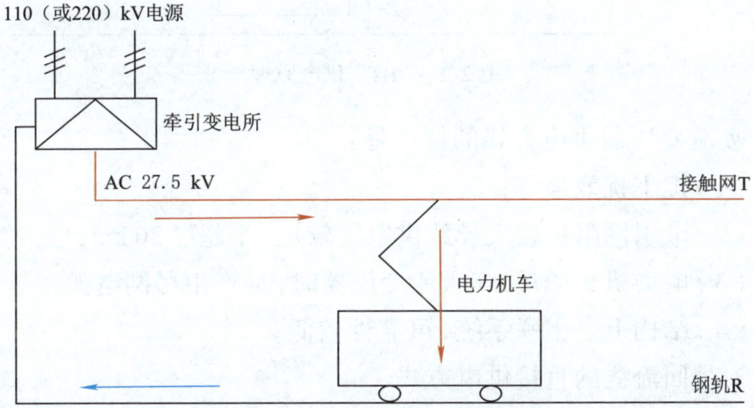

图2-1　“T-R”供电原理

直接供电方式的特点是：

（1）结构简单、投资少、维护费用低；

（2）回流通道是钢轨和大地，对临近通信线路干扰大；

（3）供电臂长度平均约20 km。

2. 吸流变压器供电方式

吸流变压器供电方式也称“BT”供电方式，其主要特点是在电分段处设有吸流变压器，原理如图2-2所示。

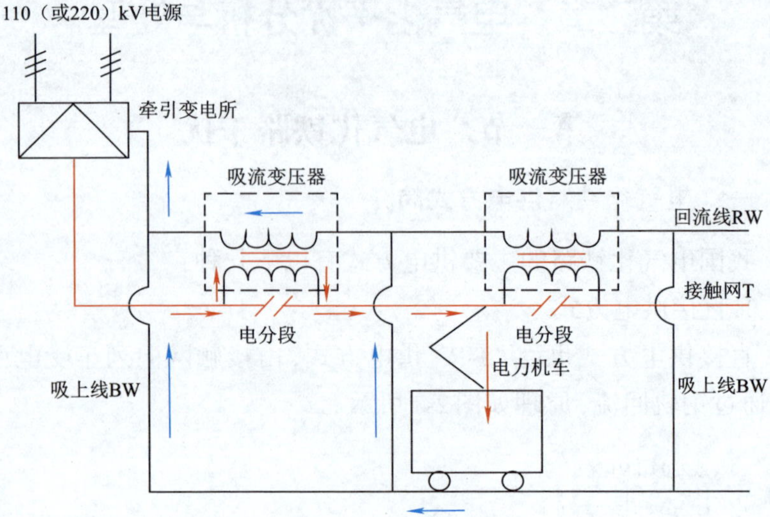

图 2-2 “BT”供电原理

吸流变压器供电方式的特点是：

（1）抗干扰效果好；

（2）牵引网阻抗较大导致供电臂较短，不超过20 km；

（3）电力机车通过BT吸流变压器时，易产生弓网电弧；

（4）结构上是串联系统，可靠性较低。

3. 带回流线的直接供电方式

带回流线的直接供电方式也称“直供+回流”供电方式，可以看作是直接供电方式与吸流变压器供电方式的折中，在我国普速铁路应用较广泛，原理如图2-3所示。

带回流线的直接供电方式的特点是：

（1）抗干扰效果比吸流变压器供电方式略差；

（2）结构简单，牵引网阻抗小，供电臂长度一般在20～25 km。

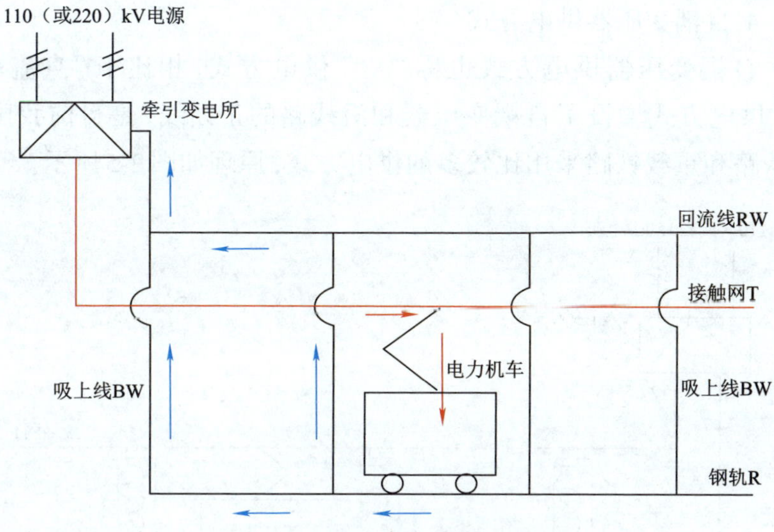

图 2-3　“直供＋回流”供电原理图

带回流线的直接供电方式的结构示意图如图 2-4 所示。

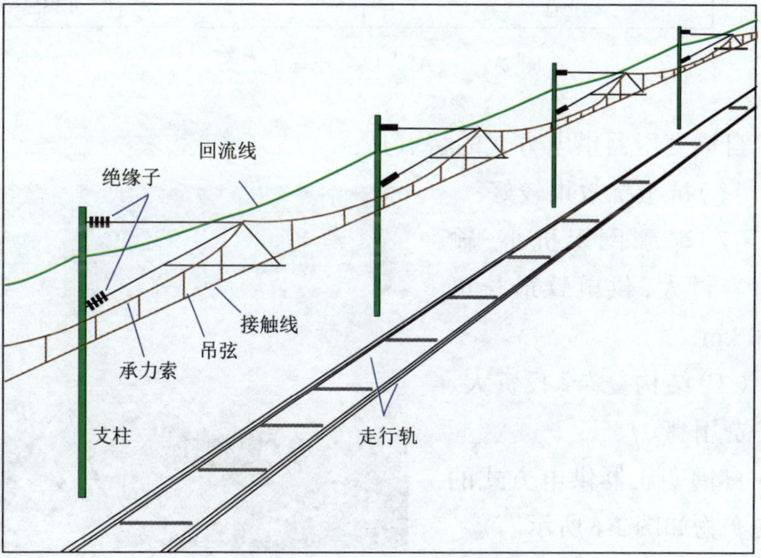

图 2-4　带回流线的直接供电结构示意图

4. 自耦变压器供电方式

自耦变压器供电方式也称“AT”供电方式，相比于“直流+回流”供电方式增设了自耦变压器和沿线路的正馈线，是目前我国高速铁路和重载铁路采用比较多的供电方式，原理如图2-5所示。

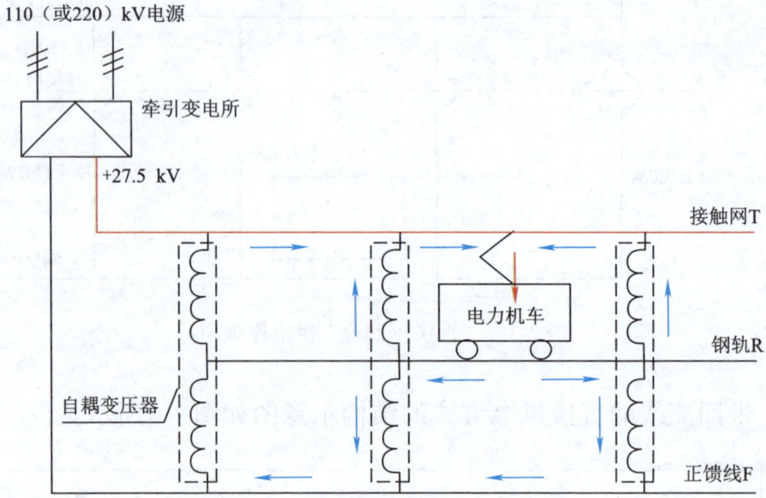

图2-5　“AT”供电原理示意图

自耦变压器供电方式的特点是：

（1）抗干扰效果较好；

（2）牵引网阻抗小，输送电容量大，供电臂最长可达50 km；

（3）结构复杂、投资大、维护费用高。

自耦变压器供电方式的结构实物如图2-6所示。

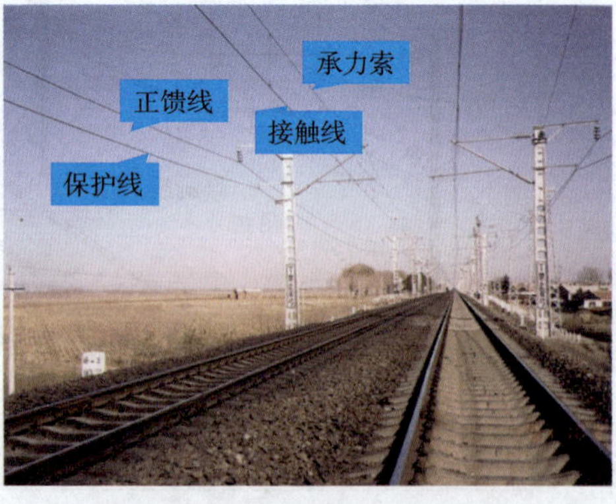

图2-6　自耦变压器供电结构实物

二、电气化铁路的主要干扰方式

电气化铁路与信号设备并行架设的接触网电压高，大功率电力机车运行时钢轨、贯通地线等回流设备中牵引电流大、谐波分量多。总体结构如图2-7所示。

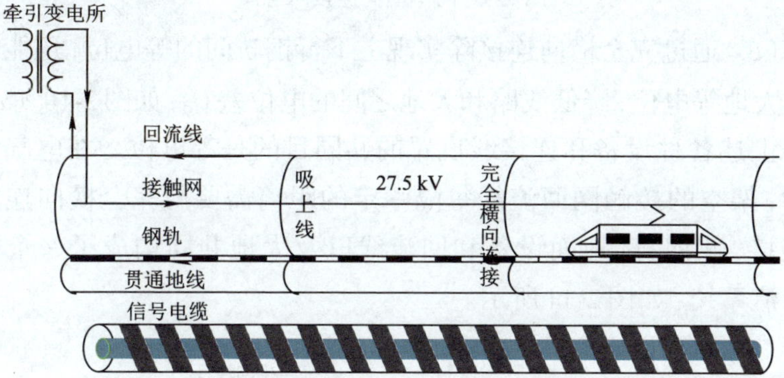

图2-7　电气化铁路供电总体结构

信号系统作为牵引回流系统的一个组成部分，在保持回流畅通的基础上，还需要保护线路作业人员和设备的安全，在设有ZPW-2000A型轨道电路的区间主要通过如下方式实现：

（1）通过空芯线圈和扼流变压器实现左右两钢轨条间等电位，同时完成牵引电流的平衡，降低U_0，如图2-8所示。

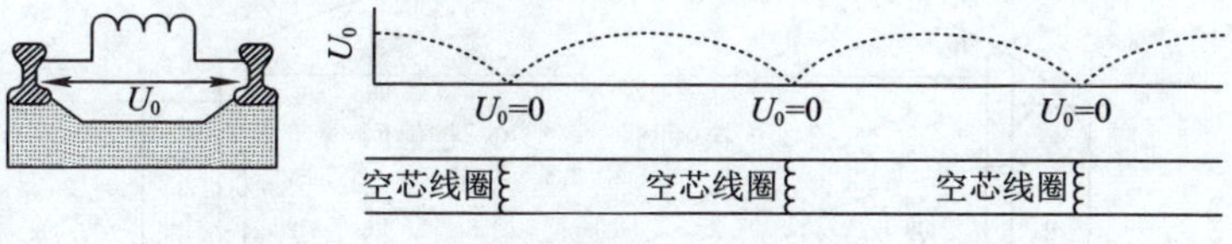

图2-8　空芯线圈和扼流变压器连接示意图

（2）通过简单横向连接实现上下行钢轨间的等电位和牵引电流均流，降低线路间的电位差U_1，如图2-9所示。

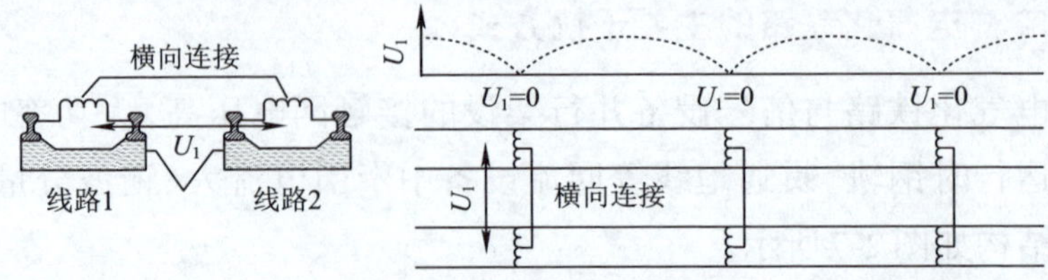

图 2-9　简单横向连接示意图

（3）通过完全横向连接除实现上下行钢轨间的等电位，还能够实现与大地等电位，降低线路和大地之间的电位差U_2，如图2-10所示。

上述各种设备和连接线设置的共同目的是等电位。在电气化铁路中，架空的接触网回流线每隔一定的距离需要与完全横向连接相互连接，使钢轨、地面设备和回流线以及大地共同构成了一个网状的回流系统，如图2-11所示。

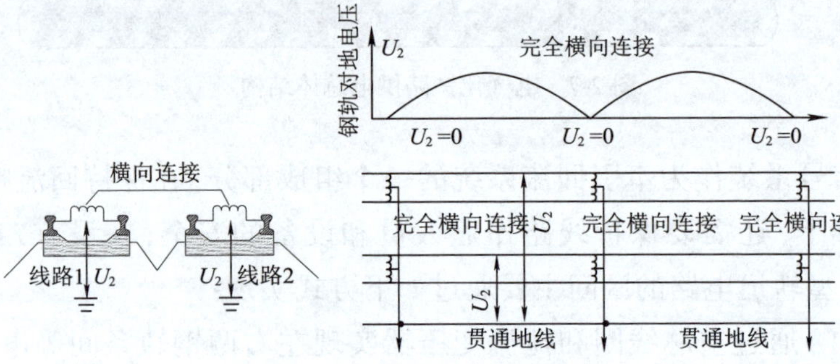

图 2-10 完全横向连接示意图

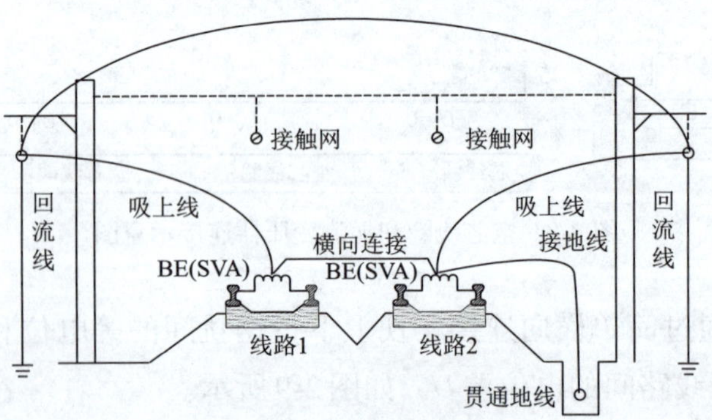

图 2-11　回流系统总体

综上所述，电气化铁路的主要干扰方式是：

（1）高电压、大电流冲击损坏轨道电路设备；

（2）牵引谐波干扰地面和车载设备。

三、故障案例

通过以下案例介绍一些高电压、大电流冲击损坏轨道电路设备的现象和原因。

（一）案例1

某重载线路区间桥梁上发生电缆烧损故障，造成3根信号电缆、3根通信光缆烧损。经现场调查分析，该处电缆位于桥梁外悬挂的金属电缆槽内，槽内为道砟填充。故障原因为电缆绝缘层损坏，导致电缆钢带与金属电缆槽发生放电击穿，造成电缆烧损。现场电缆槽如图2-12所示。

图2-12　电缆槽现场情况图

（二）案例2

某重载线路区间发生信号电缆烧损故障，故障点位于一明洞洞口，该位置同时在列车分相区绝缘子附近，故障时接触网出现断电跳闸现象。电缆烧损如图2-13所示。

经调查分析，故障原因为：电力机车带电过分相形成的电弧将明洞钢筋结构与接触网连接，明洞钢筋结构框架由零电位瞬间提升至

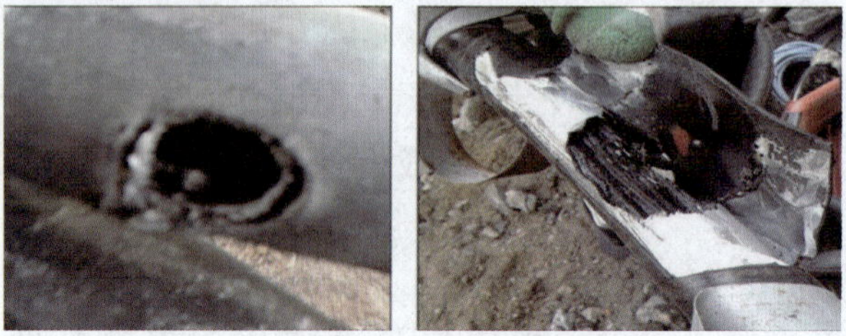

图 2-13　电缆烧损图

高电位，附近的地电位也随之被抬高。故障电缆钢带及铝护套最近接地点距离故障点约1.4 km，若定义明洞框架附近大地电位为$V_{地1}$，电缆接地处的大地电位为$V_{地2}$。正常情况下，$V_{地1}=V_{地2}=0$；当带电过分相，明洞附近电位被抬升后，$V_{地1}$远大于$V_{地2}$，此时两者距离足够近巨大的电位差即会击穿绝缘烧损电缆。故障原因示意如图2-14所示。

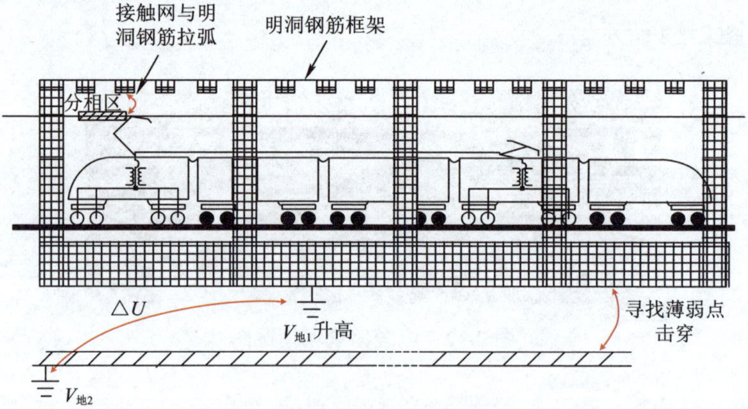

图 2-14　故障原因示意图

（三）案例3

某普速铁路信号楼一楼电缆间电缆烧损，造成设备故障延时11小时23分，影响列车19列。现场电缆烧损情况如图2-15所示。

电缆间布置情况如图2-16所示。

经调查分析，故障原因为电缆间铅包铜贯通地线与固定多根信号电缆的钢管触碰，电气化区段贯通地线未与信号电缆实行物理隔离。内有电流的贯通地线与固定电缆的钢管间放电，受热并产生高温，导致贯通地线及18根信号电缆受热烧损。

图2-15　现场电缆烧损

图2-16　电缆间布置情况

（四）案例4

某普速线路区间联系电缆零层断路器发生了多次保护跳闸，影响行车。经调查分析，故障原因为接触网短路接地后，通过贯通地线回路的牵引电流剧烈增大，引起附近站联电缆芯线对地电位升高，从而导致为保护室内设备而设置的浪涌保护器动作，同时造成站联电缆断路器发生跳闸。

SPD对地短路后，短路电流如图2-17所示红色箭头所示。

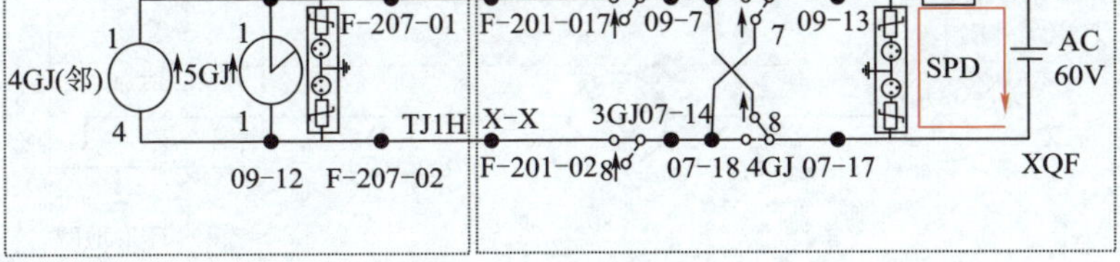

图2-17　电路示意图

（五）案例5

某普速线车站发生转辙设备的电缆盒及杆件绝缘烧损，现场故障如图2-18所示。

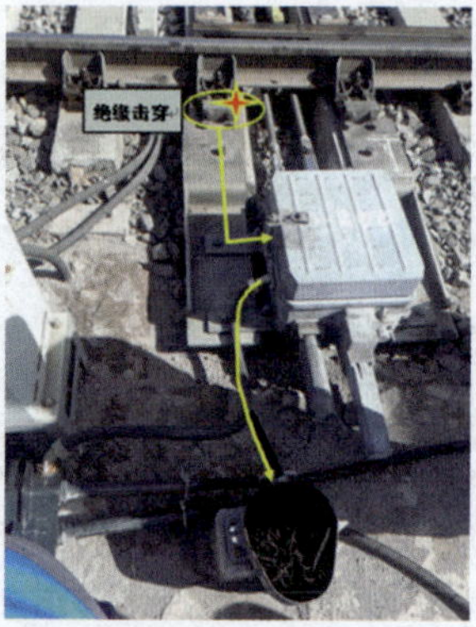

图2-18 转辙设备的电缆盒及杆件绝缘烧损示意图

经调查分析，故障原因为：由于钢轨线路接地通道数量少，高钢轨电位击穿道岔固定绝缘，牵引电流经转辙机机壳引入电缆金属外皮造成烧损，如图2-19所示。

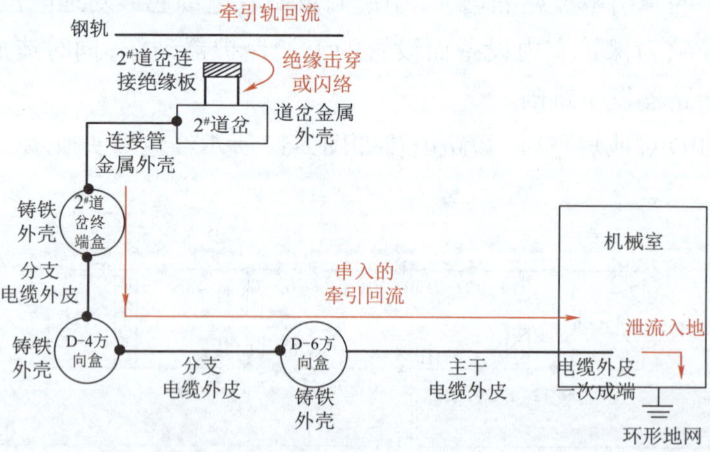

图2-19 故障原因示意图

第二节　牵引谐波干扰地面设备

一、干扰原因分析

电力机车作为牵引供电系统中的主要负载，主要通过“交—直—交”电流传动机车：接触网27.5 kV→车载牵引变降压→四象限PWM整流器→中间直流环节→逆变器→三相交流牵引电动机→驱动车辆行驶。基于可关断功率器件和PWM调制技术现代交直交传动机车具有功率因数高、电压畸变小、能全功率范围再生制动等优点。我国CRH系列动车组和HXD系列电力机车均为交—直—交电流传动，其原理如图2-20所示。

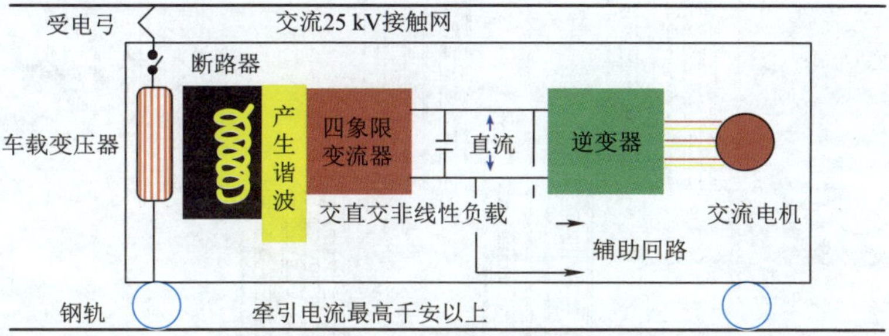

图2-20　交直交传动原理图

而四象限PWM整流器的拓扑结构和控制策略是影响机车牵引谐波分布特性的关键因素。部分电力机车采用两电平四象限变流器，其电路如图2-21所示。

产生的交流直流信号如图2-22所示。

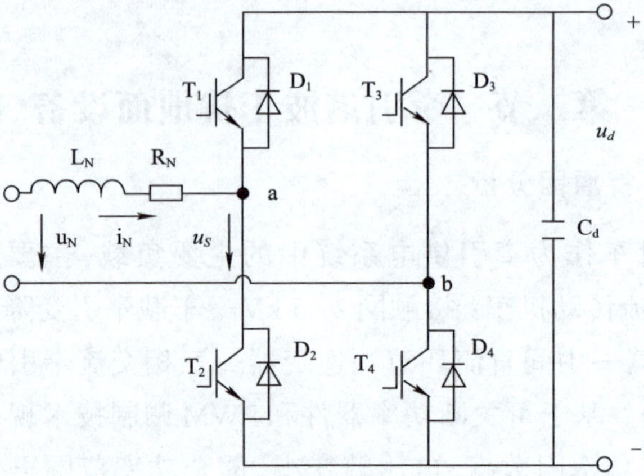

图 2-21 两电平四象限变流器电路

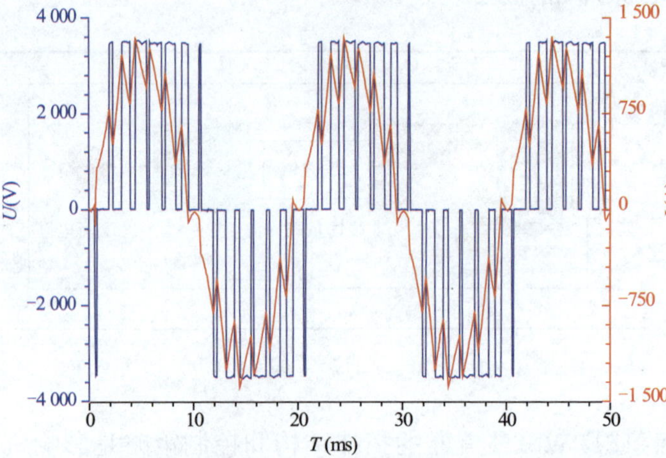

图 2-22 两电平四象限变流器产生的交流信号

部分电力机车采用三电平四象限变流器，交直流信号如图 2-23 所示。

总体来说，牵引电流畸变很小，谐波总含量虽小，但分布广泛，且某些特定的高次谐波含量较高，处在轨道电路的工作频带上。在电力机车上采集到的电压和电流波形如图 2-24 所示，有一定的畸变。

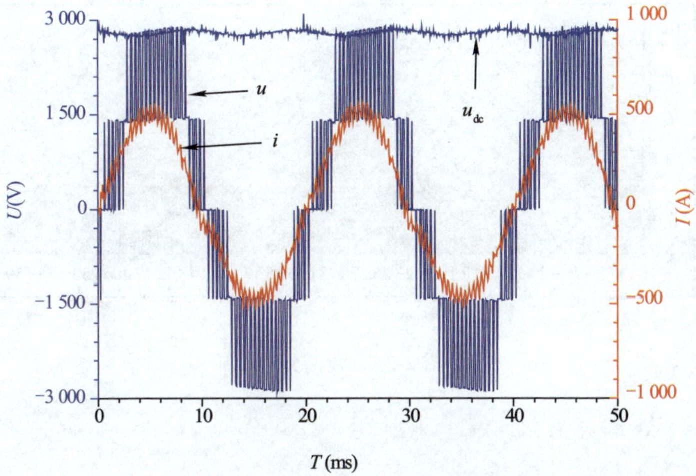

图 2-23 三电平四象限变流器交直流信号

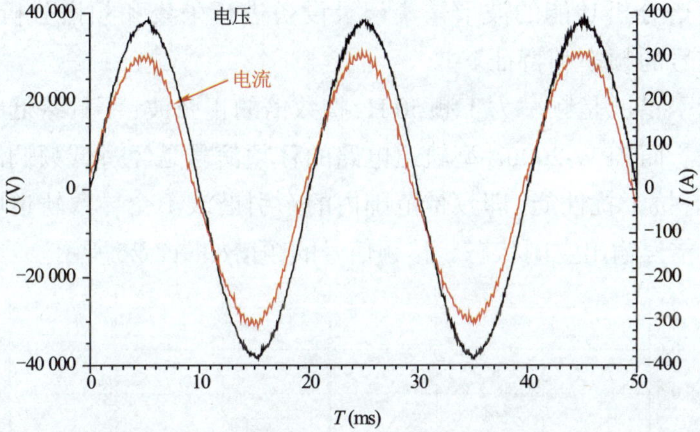

图 2-24 电力机车上采集到的电压和电流波形

对波形进行傅里叶变换（FFT），其频谱分布如图2-25所示，能够看到存在特定频率的高频谐波。

牵引谐波随着牵引电流流向钢轨，并联于钢轨的轨道电路接收设备可能收到，产生干扰。

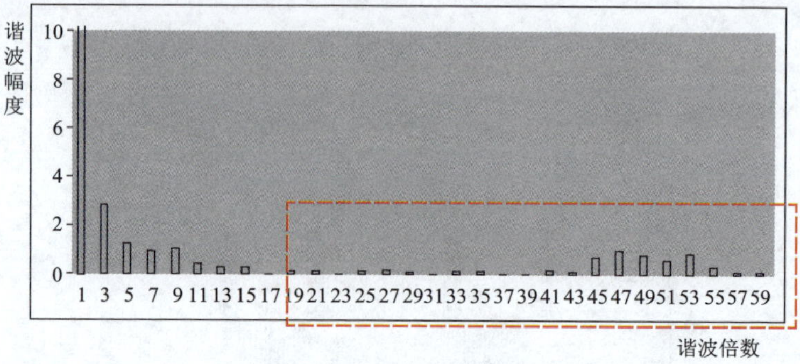

图 2-25　频谱分布

二、处理思路

当信号监测设备中发现在列车运行过程中出现时有时无的无规律波动曲线，而在天窗点内消失，一般为谐波干扰的特征。可采用具有频谱分析功能的波形采集记录设备进行采集和频谱分析，确认干扰信号的频率和特征。

牵引谐波是频率为工频50 Hz整数倍的正弦波，不具备低频等调制特征。而ZPW-2000A型轨道电路的移频信号是经过低频调制的信号，具有抗干扰性能，即频带范围内的牵引谐波不会导致轨道电路接收设备错误输出空闲状态。移频信号的频谱如图2-26所示。

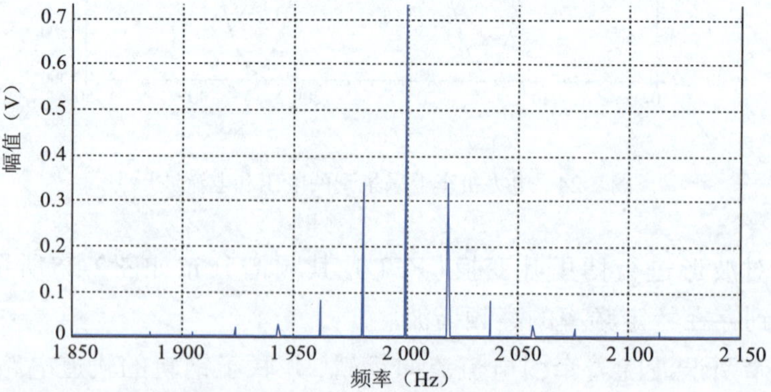

图 2-26　移频信号频谱

ZPW-2000A型轨道电路的移频信号频率范围在1 700 ～ 2 600 Hz，而接收设备的采样频率为6 000 Hz。这是根据采样定理（又称奈奎斯特定理）设定的，在进行模拟/数字信号的转换过程中，当采样频率大于信号中最高频率的2倍时，采样之后的数字信号完整地保留了原始信号中的信息。因此，频率在6 000 Hz以内的牵引谐波会导致接收电压曲线波动。

通过分析与测试，将高速铁路站内一体化轨道电路的室外轨旁设备更换为区间机械绝缘节设备能够改善牵引谐波带来的干扰问题，即将室外匹配变压器更换为调谐匹配单元和机械空芯线圈。机械空芯线圈能够有效的抑制高频信号产生的轨面电压，这也是区间很少出现牵引谐波干扰的原因之一。

在实验室向不同的轨面室外设备通入50 ～ 4 450 Hz的干扰信号，在接收设备上测试干扰电压，结果见表2-1。

表2-1　接收设备测得的干扰电压表

通入干扰信号频率（Hz）	室内测试干扰电压（mV）		
	现状设备，取消扼流的适配器	现状设备	更换为调谐匹配单元+机械空芯线圈
50	6	1	2
1 700	135	144	2
2 000	145	249	6
4 150	339	64	1
4 300	340	57	1
4 450	344	51	2

由测试结果可知，该方案对全频带干扰都有明显衰减，抑制效果良好。

三、故障案例

1. 现场问题概述

某高铁车站内多个ZPW-2000A区段轨出电压监测曲线有波动现象，并已持续数月，站内部分区段示意如图2-27所示。

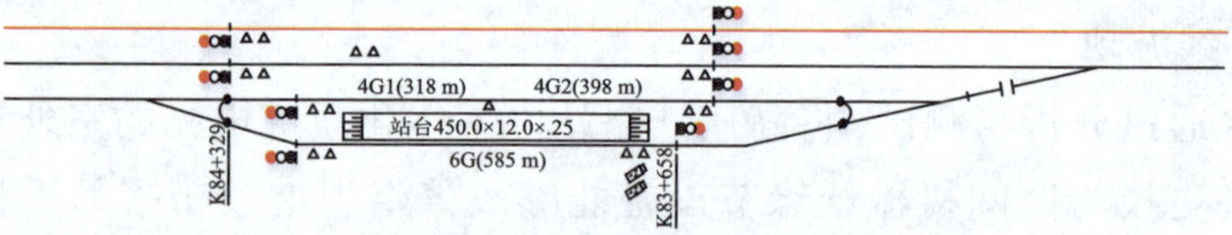

图2-27　站内部分区段示意

该站6G区段（载频2 000 Hz）轨出电压监测曲线如图2-28所示（其他波动区段曲线类似）。

现场工作人员已更换过全部的室内外设备，但其轨出电压均无明显改善。

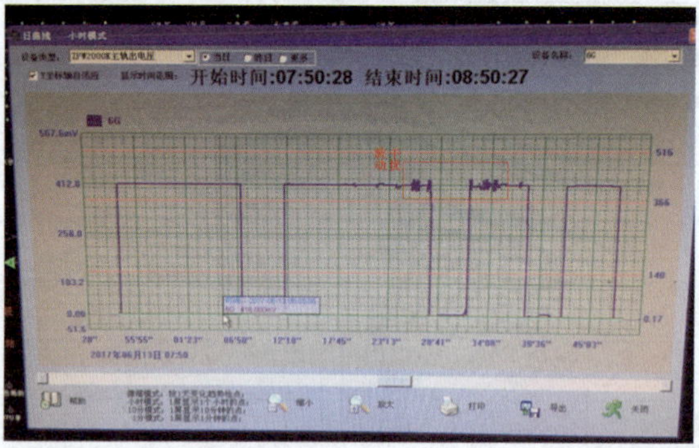

图2-28　6G区段　（载频2 000 Hz）　轨出电压监测曲线

2. 数据采集分析

电压波动采集与频谱分析

为了分析6G电压波动原因，使用ME2000P波形记录仪采集6G

室内电缆侧接收、发送端和主轨出电压。采集到了电压波动数据，并对其频谱分析，如图2-29所示。

从图2-29中可以发现，电压波动时，6G电缆侧送受端、主轨出电压都存在较大的4 050 Hz、4 150 Hz、4 250 Hz、4 350 Hz的奇次牵引谐波信号。

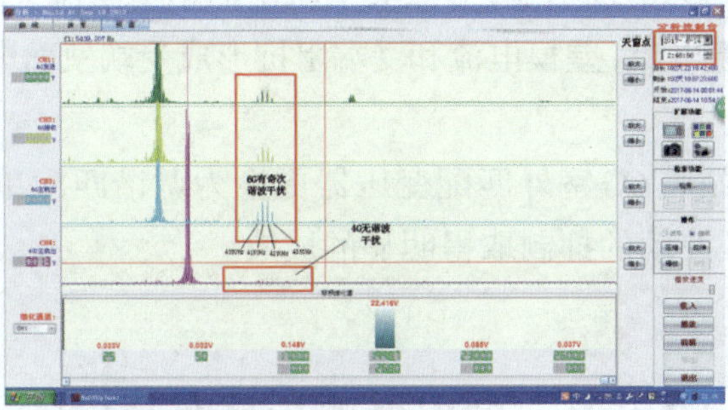

图2-29 电压波动数据其频谱分析图

根据采样定理和可混叠高频频率（表2-2），可知该奇次谐波中的4 150 Hz信号干扰可以混叠到6G自身的2 000 Hz的载频，当干扰频率幅度增大时，混叠越严重，轨出电压波动越大。

表2-2 各载频可混叠到带内的高频信号干扰频率

载频（Hz）	可混叠到带内的高频信号干扰频率（Hz）
1 700	4 450
2 000	4 150
2 300	3 850
2 600	3 550

根据上述特征可以得出如下结论：

4 150 Hz牵引谐波干扰信号导致6G电压波动。

3. 分析与测试

该站内多区段轨道电路电压波动均为4 000 ～4 500 Hz范围内

的奇次牵引谐波导致。牵引谐波来源于牵引供电系统和机车负载电压电流波形畸变，导致机车泄放的牵引电流中谐波分布和含量发生变化。

牵引电流从接触网由受电弓流入机车，再通过机车的泄流轮对流入两条钢轨。实际在现场中两钢轨存在不平衡，4 000 Hz以上的高频信号的差异会更加明显，导致其钢轨中的牵引电流大小不同，这样就形成了差模电流，差模电流和受端阻抗形成受端轨面电压传至室内接收设备。

最终本站将6G室外匹配变压器更换为调谐匹配单元和机械空芯线圈，电压波动的抑制取得明显的成效。

第三节　牵引谐波干扰车载设备

一、干扰原因分析

钢轨中牵引回流包含的牵引谐波会通过TCR天线接收为感应电压值，部分列车的车载设备会被牵引谐波产生的感应电压值触发为制动（图2-30）。尤其两钢轨牵引回流不平衡时，感应电压更高，如道岔区段。

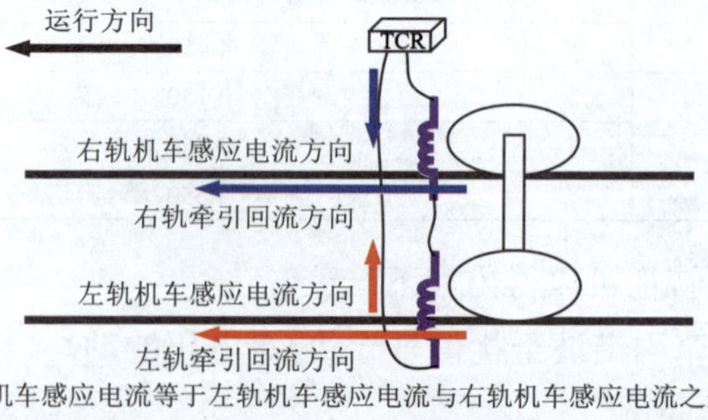

图 2-30　TCR 天线对牵引回流的感应工作原理图

二、处理思路

采用波形记录设备在列车上的TCR天线采集干扰信号的原始波形，确认是牵引谐波干扰。由于干扰源难以消除，可以主要通过以下两种方式改善：

（1）切断干扰途径，使左右钢轨回流平衡；

（2）提高车载接收设备的抗干扰能力。

三、故障案例

1. 故障描述

某站采用正线及股道电码化，侧线接发车岔区无码。动车组发车经过道岔无码区段时，车载ATP多次收到无低频信息的1 700 Hz、2 000 Hz载频，其中9次在不同位置出现车载设备输出常用制动情况，根据现场统计故障规律，发现收到此信息的车载ATP设备集中于某特定型号。

以G561从3G发车为例描述制动情况。进路如图2-31中黄线标识，在红色标识区段（40-60DG）车载设备收到不稳定干扰载频，输出B7常用制动。

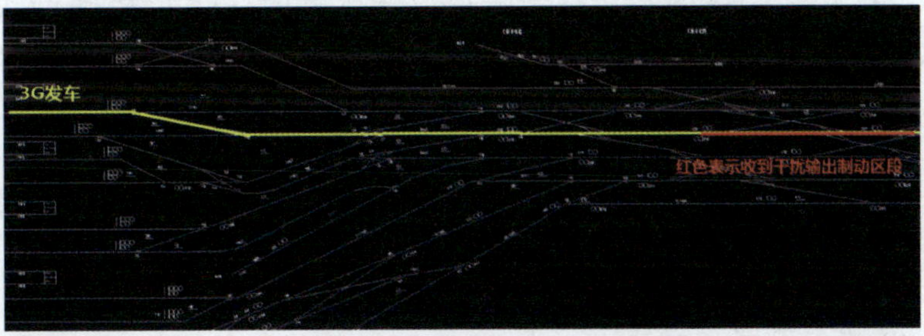

图 2-31 G561 从 3G 发车制动情况

调阅G561的车载DMS数据，显示TCR天线解出无低频的1 700 Hz不稳定载频信息，如图2-32所示。

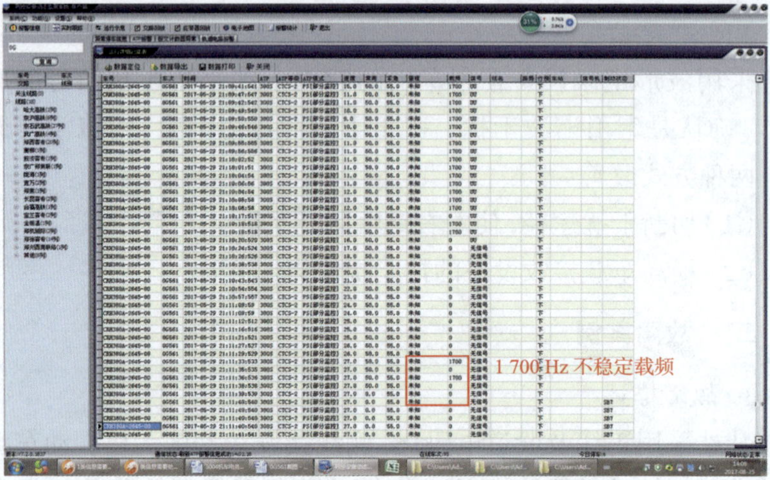

图 2-32　G561 的车载 DMS 数据

2. 测试内容及方法

为查明动车组在道岔无码区段收到无信息载频干扰的原因，多家单位组成了联合技术调查组，主要对被干扰对象（车载TCR）、干扰路径和干扰源（1 700 Hz、2 000 Hz谐波电流）三方面进行了现场系统测试。

测试方法主要有被干扰对象测试内容为车载TCR线圈电压测试；干扰路径测试内容包括轨旁扼流变压器引接线电流测试、道岔区段不平衡测试分析；干扰源测试内容包括开闭所电流及谐波测试，进出站车型统计及行车工况和室内测试。

（1）TCR线圈干扰电压测试

①测试对象：G561 的车载 TCR 机车感应线圈电压。

②测试目的：定量分析 TCR 收到的干扰信号。

③测点设置和方法：

根据车载TCR和接线盒的实际位置，在接线盒1系出口位置设置测试点，使用ME2000P采集由双机车感应线圈串联得到的1系电压信号，原理如图2-33所示。

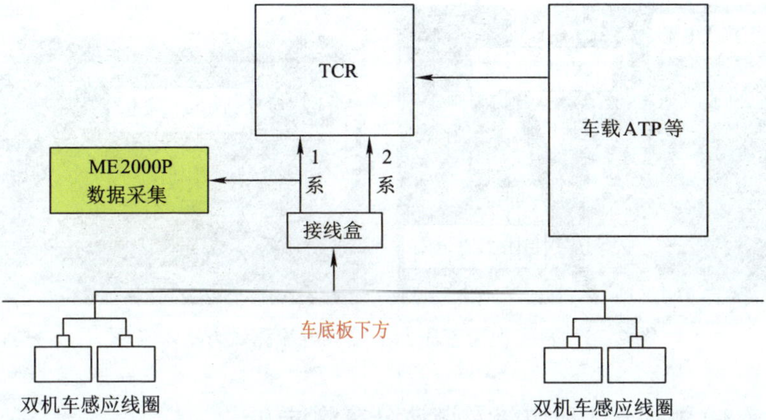

图 2-33　TCR 干扰电压测试方法示意图

现场设备安装示意如图 2-34 所示。

（2）轨旁扼流变压器引接线电流测试方法

本测试对导致车载干扰制动的发车进路上道岔区段 40-60DG、145-147DG 轨旁设备进行采集，对室内受端电缆侧电压、电源屏轨道电压进行采集。

图 2-34　TCR 干扰电压测试方法现场安装示意图

①室外测试对象：地面轨旁道岔 40-60DG 和 145-147DG 送端引线电流、轨面电压。

②测试目的：分析确认干扰源及干扰路径。

③测点设置和方法：

设置 40-60DG 和 145-147DG 共 6 个电流测试点，并采集 2 个区段的轨面电压，两个区段电流、电压测试方法相同，如图 2-35 所示。

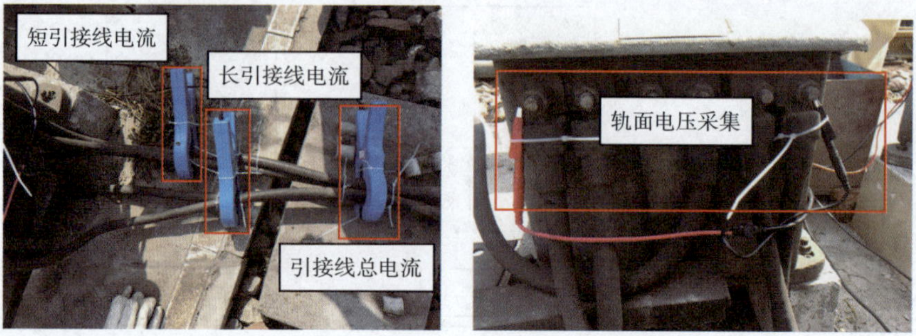

图 2-35 轨旁扼流变压器引接线电流测试方法示意图

（3）测试开闭所电流及谐波分布测试方法

①测试对象：车站内开闭所的馈线电流、母线电压。

②测试目的：定量分析牵引网电压总谐波畸变率、总谐波电流、谐波分布、谐波含量。

（4）测点设置和安装

测点：母线电压、I231总电流、I244本站西场、I243本站东场、I242客整所和I241机务段馈线电流。

开闭所母线电压信号取自高压室内电压互感器的Ⅱ次侧，采用并联插接方式，由电压线直接插入端子排取得；电流信号取自高压室内电流互感器Ⅱ次测，采用开口电流钳感应方式。开闭所接线调试如图2-36所示。

3. 测试数据分析

车载TCR数据分析：本站内股道外方由多个无码的道岔区段构成。搭载测试G561次（CRH380A）测试，数据显示TCR线圈在无码道岔收到有波动的干扰电压，原始数据曲线如图2-37所示。

图 2-36 开闭所接线调试示意图

对上述原始信号曲线进行1 700 Hz带内滤波处理，处理后曲线如图2-38所示，道岔无码区段主体能量中1 700 Hz的带内干扰量很高，测试的最高值可达600 mV。

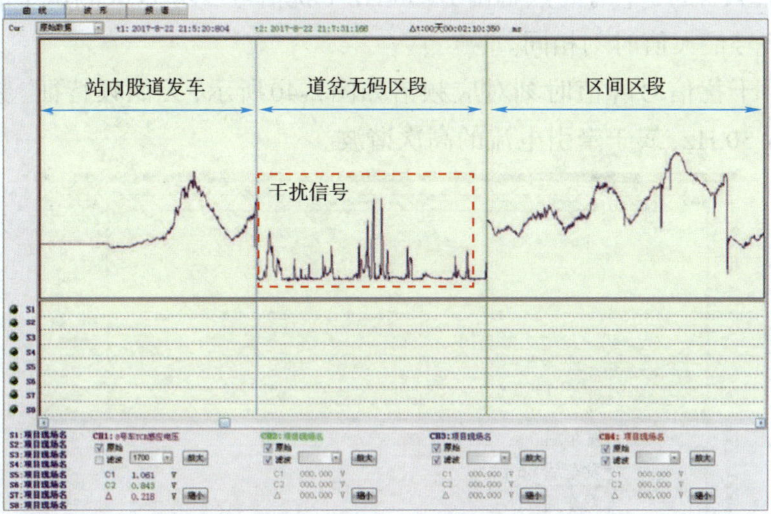

图 2-37　车载 TCR 原始数据曲线

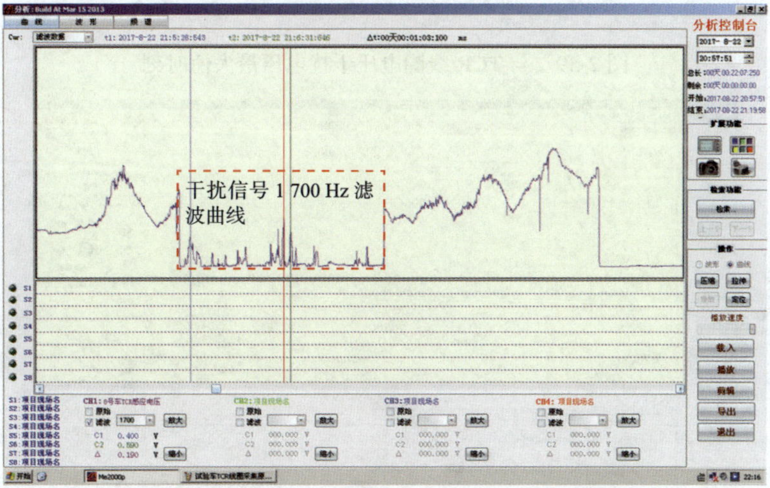

图 2-38　车载 TCR 原始信号带内滤波处理后曲线

与TCR线圈电压干扰电压最大时刻的3个点分别发生在发车压入岔区后7 s、66 s、71 s，如图2-39中红圈所示。

对G561车载DMS数据进行解析，在进入股道无码区后7 s、66 s、71 s的3个时间点解出1 700 Hz干扰信号。与TCR测试中的干扰信号最大值时刻相同。

干扰信号峰值时刻对应频谱如图2-40所示，无低频特征、频谱间隔50 Hz，属于牵引电流的高次谐波。

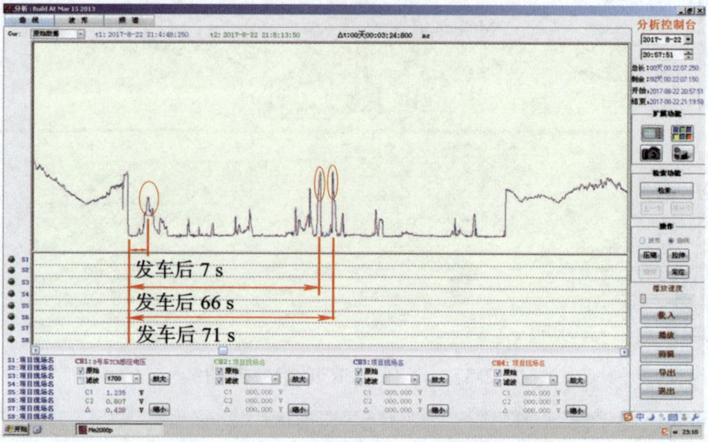

图 2-39　与TCR线圈电压干扰电压最大值时刻

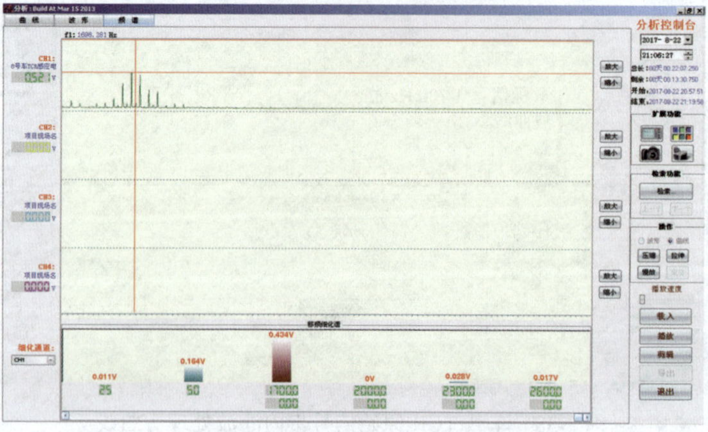

图 2-40　干扰信号峰值时刻对应频谱

根据改型车载设备处理逻辑，在接收到1 700 Hz ± 50 Hz、2 000 Hz ± 50 Hz范围内信号时，能够解析为1 700 Hz、2 000 Hz信号。

小结：

（1）该车载ATP设备在经过道岔无码区段时，TCR收到1 700 Hz带内的1 650 ～ 1 750 Hz牵引谐波干扰信号，解出1 700 Hz的载频信号，无低频特征；

（2）DMS显示收到1 700 Hz干扰信号位置与TCR测试收到1 700 Hz最大干扰位置一致。

4. 扼流变压器引接线测试数据分析

扼流变压器全天总引接线牵引电流量值分布如图2-41所示。

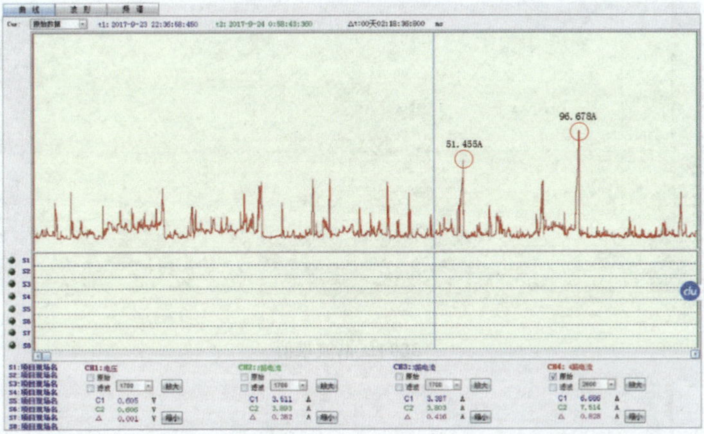

图2-41　扼流变压器全天总引接线牵引电流量值分布图

全天测试数据中，扼流变压器引接线牵引谐波1 700 Hz带内最高，其次是2 000 Hz、2 300 Hz和2 600 Hz，如图2-42所示。

1 700 Hz 谐波量值

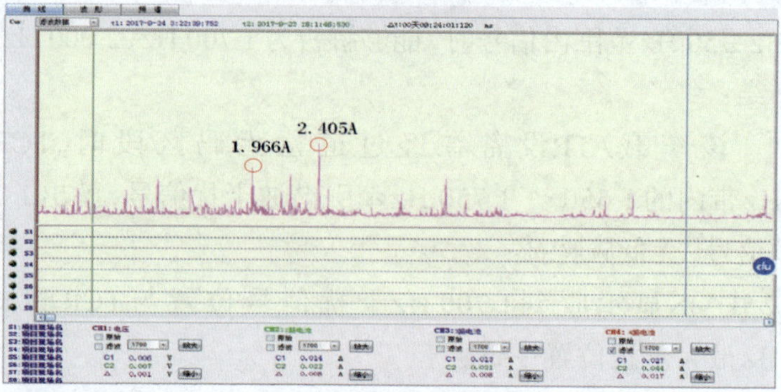

2 000 Hz 谐波量值

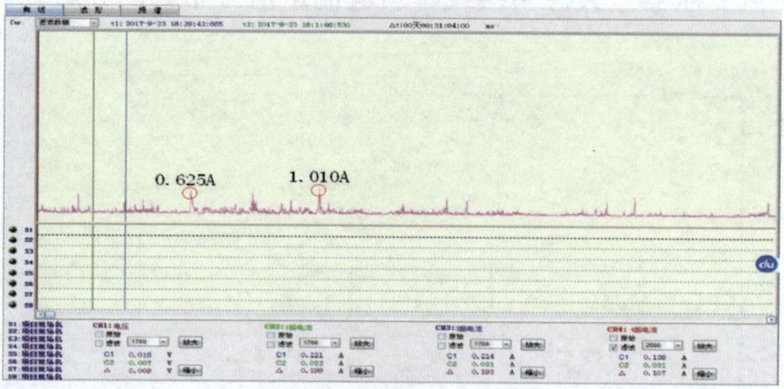

2 300 Hz 谐波量值

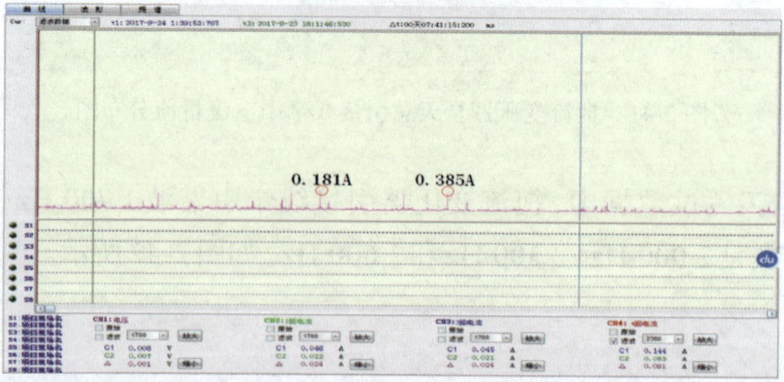

图 2-42　各载频下扼流变压器引接线牵引谐波图

2 600 Hz 谐波量值

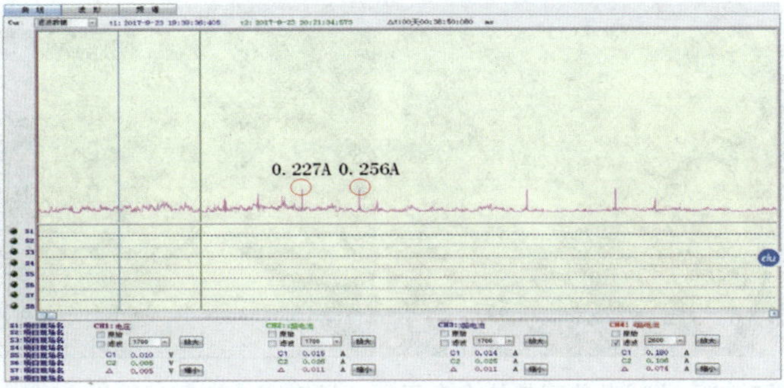

图 2-42　各载频下扼流变压器引接线牵引谐波图 （续）

小结：

钢轨的牵引电流中含有高次谐波，1 700 Hz带内谐波含量最高，2 000 Hz带内谐波含量次高。

5. 站内牵引谐波数据与传输分析

（1）干扰范围调查

根据发生制动列车的车载DMS数据，在站内多个位置收到了1 700 Hz干扰信号。G819次列车如在8G向SXF的发车进路岔区中接收1 700 Hz干扰信号达到23次。

在北咽喉岔区其他多个无码区段进行随机电流测试，均测到了较高的1 700 Hz干扰信号，如图2-43所示。

测试位置：145# 道岔跳线
干扰幅值：104 mA

测试位置：73-91DG 中心连接线
干扰幅值：897 mA

图 2-43　北咽喉岔区其他多个无码区段随机电流测试结果

图 2-43 北咽喉岔区其他多个无码区段随机电流测试结果 （续）

（2）地面采集数据分析

以G561发车进路为例进行测试，根据车载DMS数据，分析收到1 700 Hz干扰位置在如图2-44所示的位置。

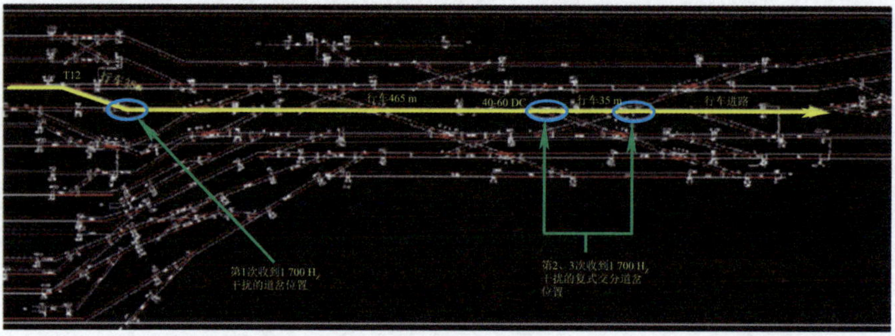

图 2-44 收到 1 700 Hz 干扰位置图

室外监测设备采集曲线如图2-45所示。

G561次列车压入40-60DG前长短引接线的1 700 Hz谐波电流相同，在压入40-60DG后长短引接线1 700 Hz谐波电流出现明显的差异。

对列车压入后的曲线进行频谱分析，1 700 Hz带内1 650 Hz、1 750 Hz含量较高，如图2-46所示。

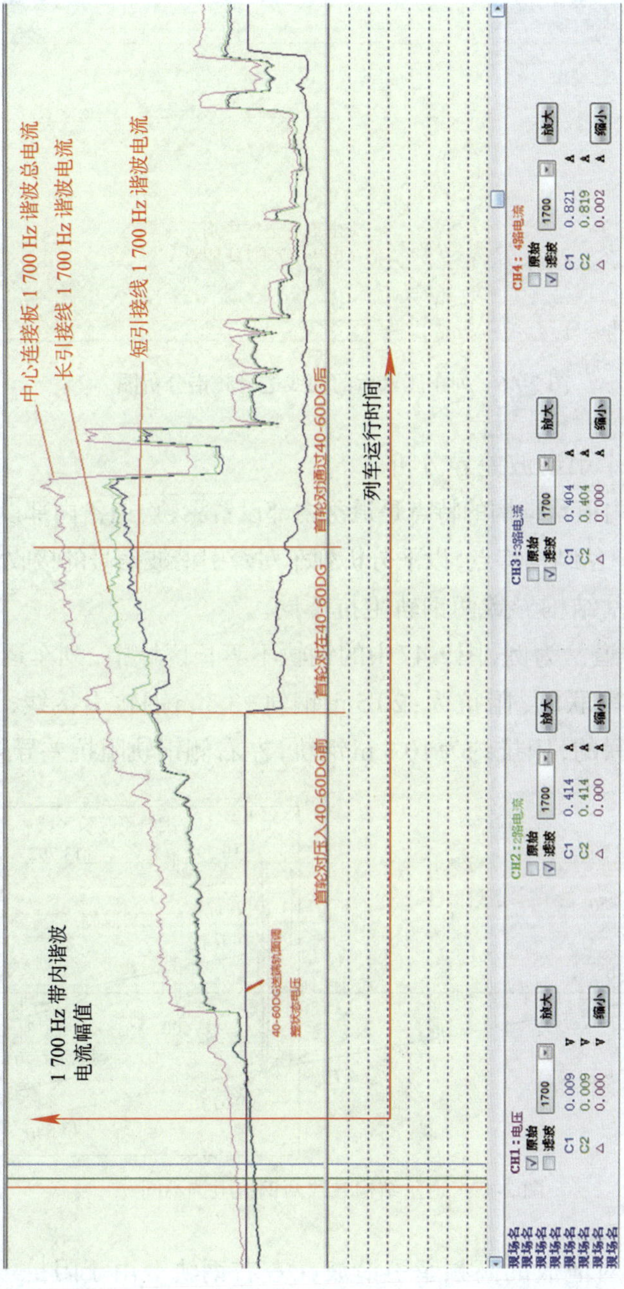

图 2-45 室外监测设备采集曲线

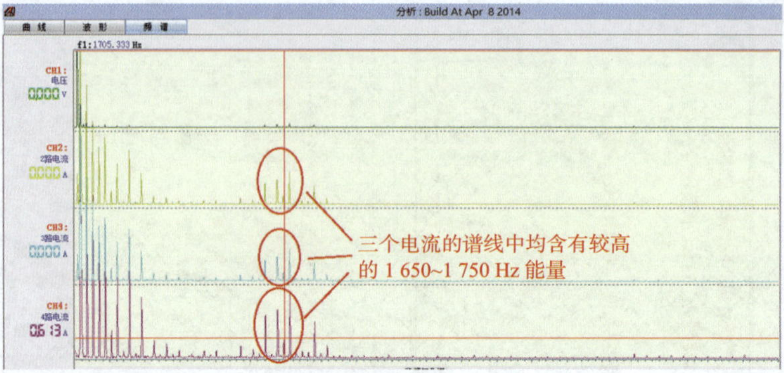

图 2-46 列车压入后的曲线进行频谱分析图

6. 地面牵引谐波差异分析

铁路站内道岔结构的特点是道岔内部设置翼轨、道岔内部设置岔内绝缘。鉴于道岔结构特点，以下分析列车对牵引谐波信号的接收情况。

（1）道岔结构导致两钢轨阻抗不同

以18号道岔为例，图2-47中的钢轨不等长区域中，列车运行前方左侧钢轨是串联的，阻抗为：20.5 m钢轨+3.3 m钢轨引接线；右侧钢轨长度是并联的，阻抗约为10.3 m钢轨，左右侧钢轨阻抗差异较大。

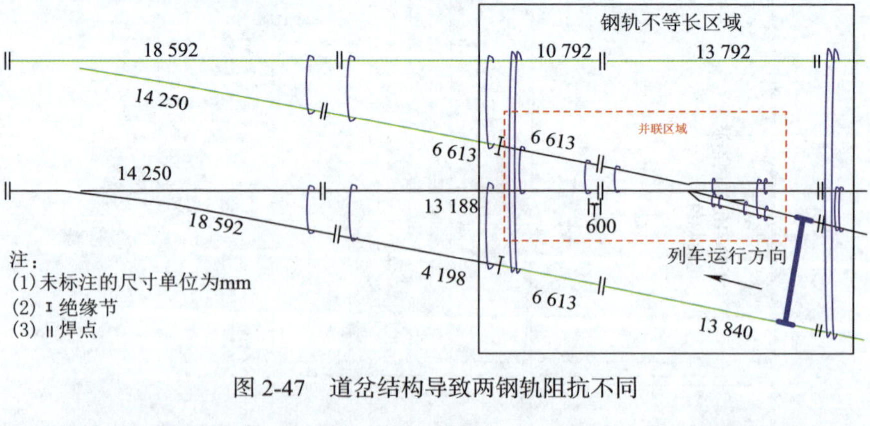

图 2-47 道岔结构导致两钢轨阻抗不同

列车轮对泄放的高频牵引谐波在左右钢轨上由于阻抗不同，将产生幅值不同的电流。

（2）机车感应信号在岔区被旁路

列车经过道岔心轨时，由于翼轨的设置，单轨条的牵引回流会出现旁路通道，机车信号感应线圈仅能够接收其中一个回流通道的钢轨内的感应信号，如图2-48所示。

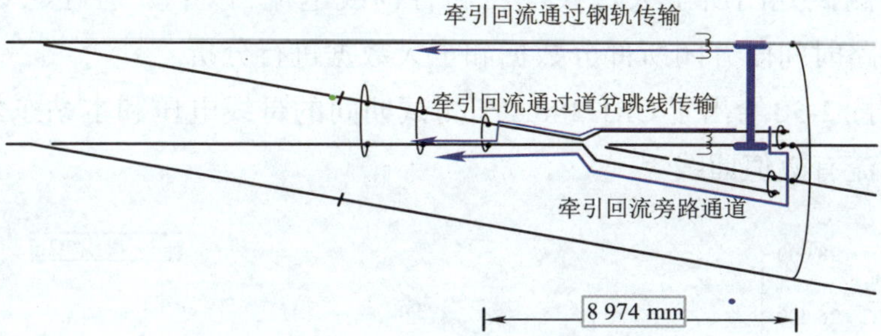

图2-48 机车感应信号在岔区被旁路

本站发车进路上设置了多组复式交分道岔，不但存在牵引电流旁路的类似情况，还存在众多并联通道，各通道的牵引电流信号量无法相通，如图2-49所示。

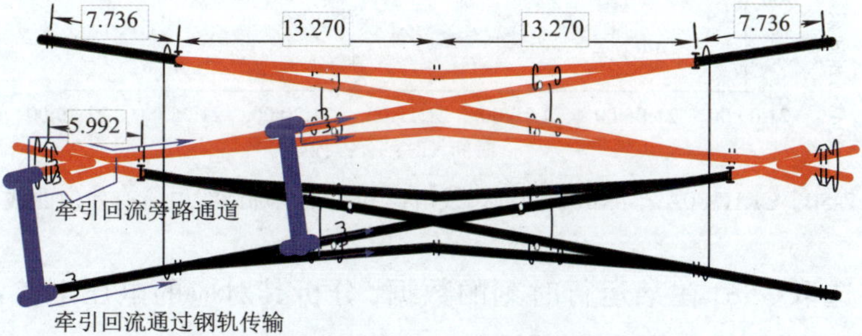

图2-49 多组复式交分道岔内牵引电流 （单位：m）

现场根据DMS数据实际调查机车收码收码位置，能够与复式交分道岔的区域重合。

小结：

（1）1 700 Hz带内的牵引谐波在本站广泛存在；

（2）铁路道岔结构使牵引回流中的1 700 Hz、2 000 Hz等高频带内谐波对车载TCR形成感应电压。

7. 开闭所电流及谐波分析

测试开闭所全天母线电压和各馈线电流，以下分别对G561发车进路时间段开闭所部分数据和全天数据进行分析。

图2-50给出了CRH380A车测试期间的母线电压和本站东场馈线电流有效值曲线。

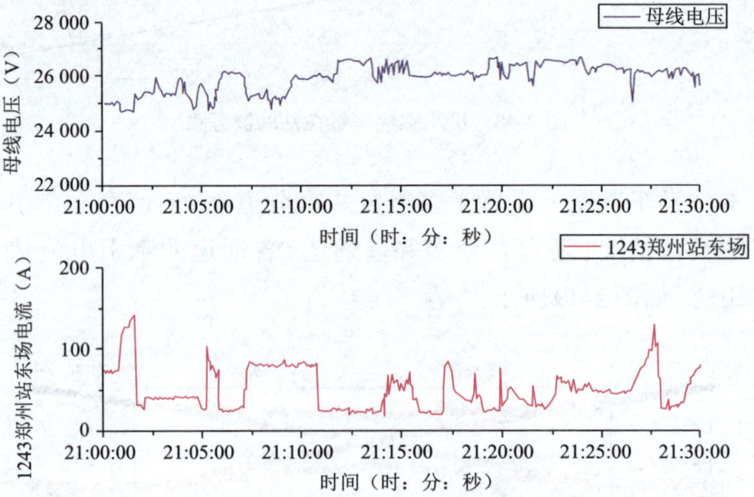

图2-50 CRH380A车测试期间的母线电压和本站东场馈线电流有效值曲线图

选取G561在某运行时刻的数据，分析其对应的电压电流波形及其电流频谱，如图2-51所示。

小结：

牵引供电网中含有和地面、车载TCR测试到的相同的谐波分布，其中33次（1 650 Hz）、35次（1 750 Hz）与39次（1 950 Hz）的

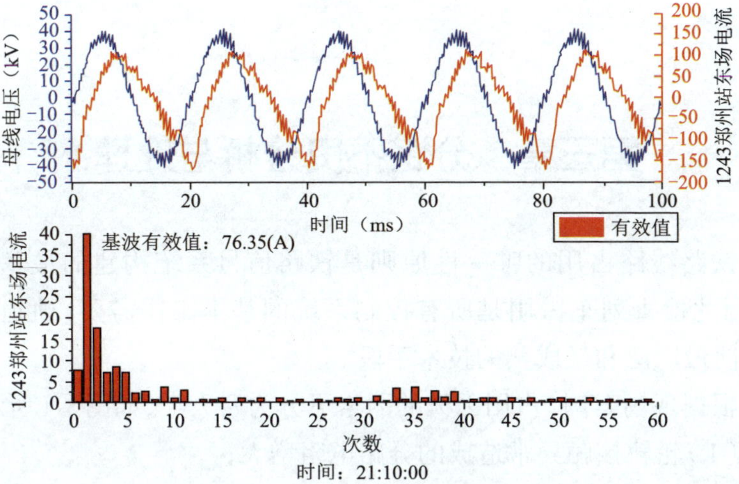

图 2-51　电压电流波形及其电流频谱图

谐波含量值最高，幅值超过5 A。

8. 故障原因分析

本站开闭所母线电压和电流内含有大量1 700 Hz、2 000 Hz带内谐波成份，当动车组运行在道岔无码区段时，轮对向左右单轨条泄放的牵引回流1 700 Hz、2 000 Hz带内谐波信号量有差异，列车TCR天线接收到干扰电压信号。当列车运行过程中收到的1 700 Hz、2 000 Hz带内干扰信号超过动作门限时，按照某型车载ATP处理逻辑，解出1 700 Hz、2 000 Hz载频，报无低频并输出制动。

参考相关规范要求：轨道电路信息读取器（TCR）应通过TCR天线接收轨道电路信息，并将解调出的轨道电路载频、低频传送给车载中控单元。

结合上述要求和其他单位车载设备的控制逻辑，TCR没有同时解析出载频和低频的信号时不应触发制动。最终本站通过修改车载设备逻辑消除了列车制动故障。

第三章　分路不良分析与处理

铁路线路占用的唯一性原则是铁路信号系统构建的最基本原则，因此检查列车占用是所有控制系统的基本工作需要，轨道电路是当前最广泛和最成熟的技术手段。

根据现场案例，占用丢失的因素可分为两大类，如图3-1所示。

（1）轮轨接触异常造成的分路电阻增大；

（2）外部环境干扰造成的信号迂回。

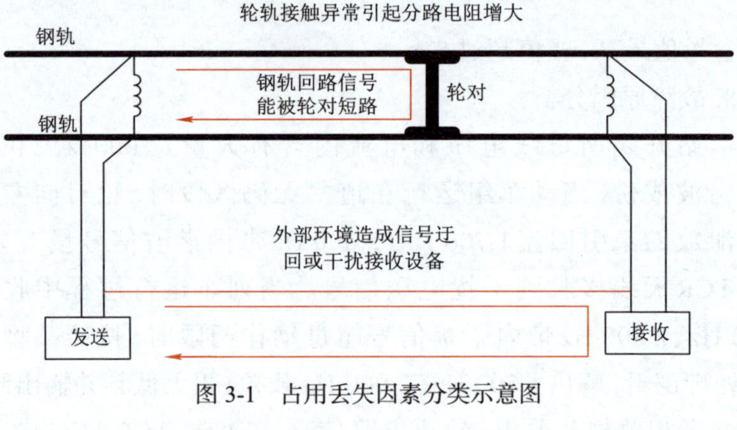

图3-1　占用丢失因素分类示意图

第一节　轮轨接触异常

一、轮轨接触异常原因分析

1.分路电阻

每种轨道电路系统都有分路灵敏度指标，即满足可靠动作最不利的分路电阻，例如：25 Hz相敏轨道电路是0.06 Ω、在普速铁路或有砟高速铁路中运用的ZPW-2000A轨道电路是0.15 Ω、在无砟高速铁路中运用的ZPW-2000A轨道电路是0.25 Ω。轮轨接触异常，是指分路电阻超过了轨道电路系统的分路灵敏度，使其无法正常工作。

关于分路电阻有如下分析：

单轴分路电阻=轮轴电阻+轮轨接触电阻。

列车分路电阻=各轴并联。

因此，列车的分路性能与区段长度及列车长度有关，如图3-2所示。

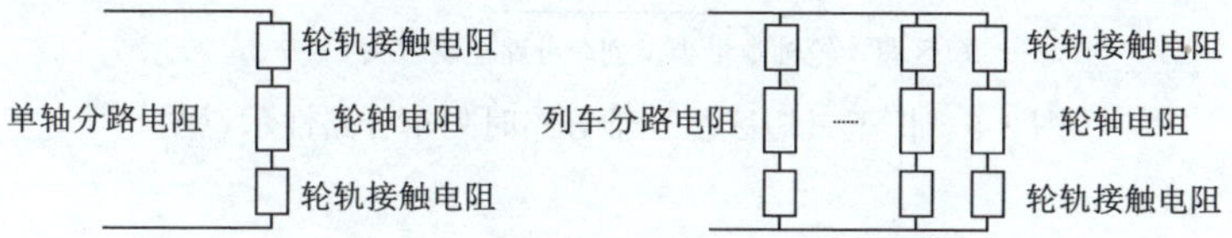

图3-2 列车的分路性能与区段长度及列车长度关系

（1）长区段+长车体：多轴分路，列车分路性能良好，如图3-3所示。

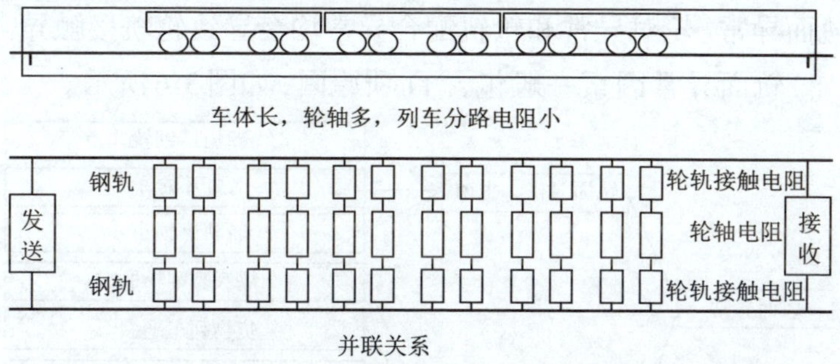

图3-3 长区段+长车体多轴分路时列车分路性能示意图

（2）短车+长区段：少轴分路，列车分路性能容易出问题，如图3-4所示。体现在单机在区间出现分路不良。

（3）长车+短区段：少轴分路，列车分路性能容易出问题，如图3-5所示。体现在站内25 Hz相敏轨道电路无岔短区段出现分路不良。

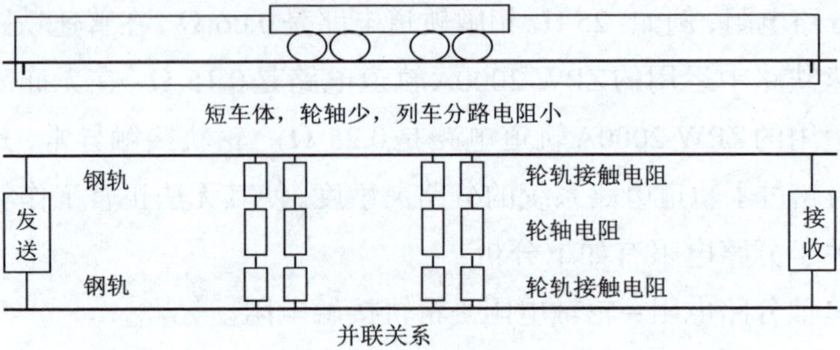

图 3-4　短车＋长区段少轴分路时列车分路性能示意图

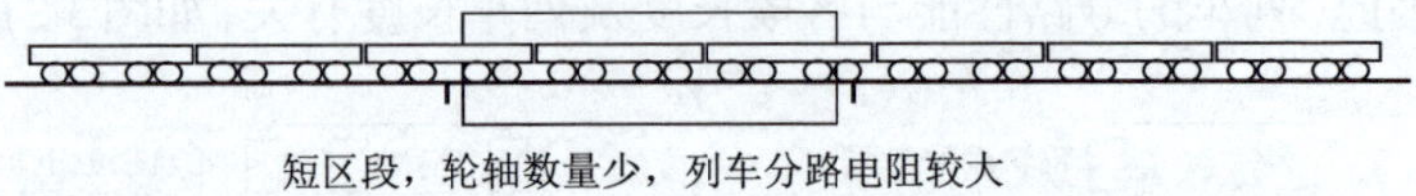

图 3-5　长车＋短区段少轴分路时列车分路性示意图

2. 轮轨接触异常

短车+长区段、长车+短区段的占用丢失一般均伴随着轮轨接触异常，特征体现为残压曲线缓慢出现或消失且有波动。

轨面异常、轮对异常和轮轨配合异常均会导致轮轨接触异常图。

(1)轨面异常因素一般包含11项原因，如图3-6所示。

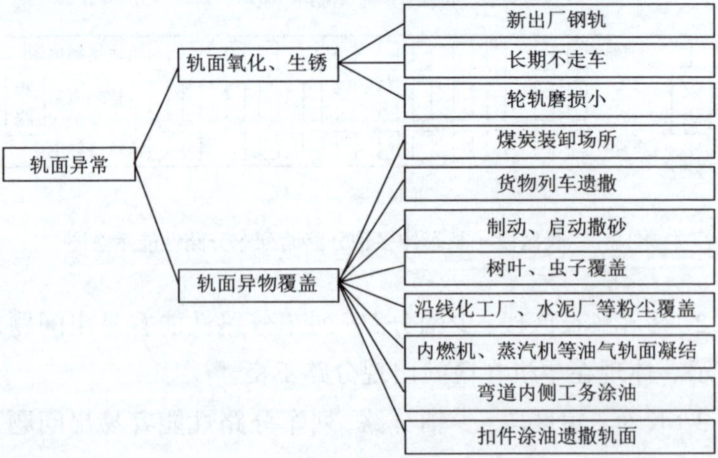

图 3-6　轨面异常因素示意图

（2）轮对异常主要是指轮对与钢轨接触面异常，一般包含5项原因，具体如图3-7所示。

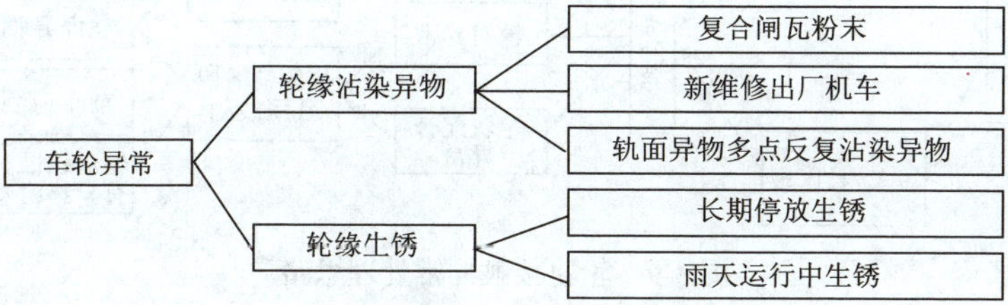

图3-7 轮对异常原因示意图

（3）轮轨配合异常主要是轮对与轨面接触不紧密，如图3-8所示。

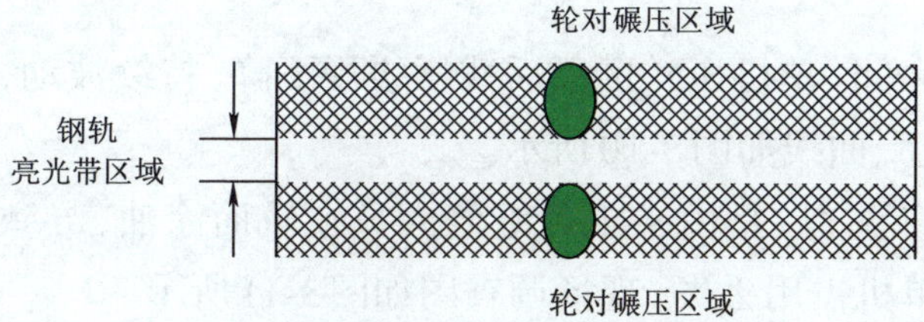

图3-8 轮轨配合异常原因示意图

二、处理思路

首先，应确保轨道电路系统是正常工作的，主要包含两部分内容：

（1）调整状态下，轨道区段的各项调整要求和电气参数均在调整表范围内；

（2）分路状态下，用标准分路电阻在发送端、接收端以及分路不良位置分路，均能够正常表示为占用。

确认轨道电路系统正常工作后，即可根据图3-9所示信息和特征进行现场调查。

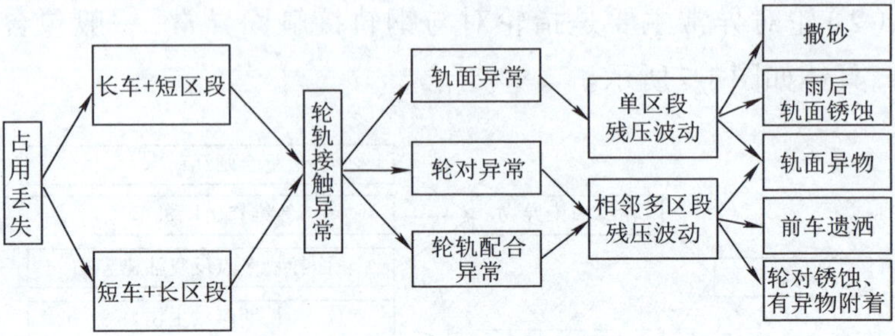

图 3-9　轮轨接触异常处理思路

三、故障案例

（一）案例 1

某线区间，单机压入区段后残压缓慢下降，持续波动，且出现占用丢失现象，曲线如图 3-10 所示。

经现场调查，是由于工务维修人员在轨面涂油，导致分路电阻增大引起单机占用丢失，现场调查图如图 3-11 所示。

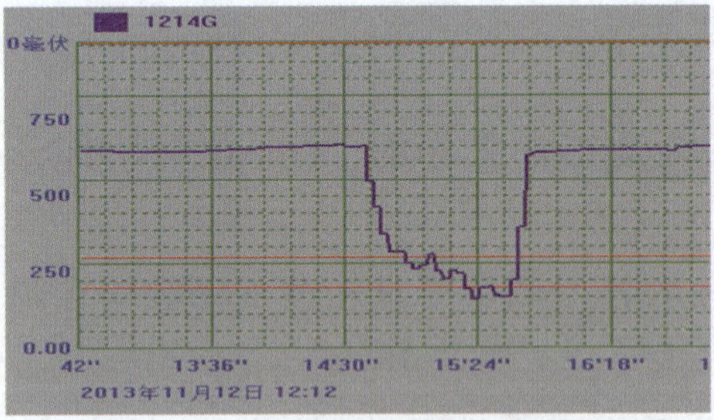

图 3-10　单机压入区段残压曲线

图 3-11　现场调查图

（二）案例 2

某线站内，某区段残压缓慢上升且持续波动，如图 3-12 所示。

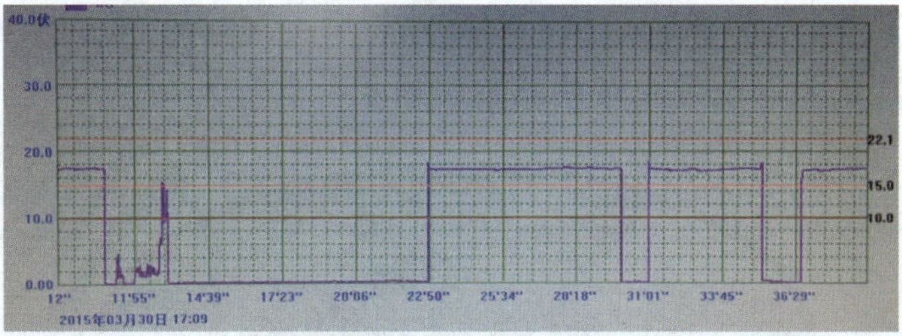

图 3-12　残压曲线

经现场调查，是由于单机制动撒砂，导致占用丢失，现场调查图如图3-13所示。轨面遗留撒砂痕迹如图3-14所示。

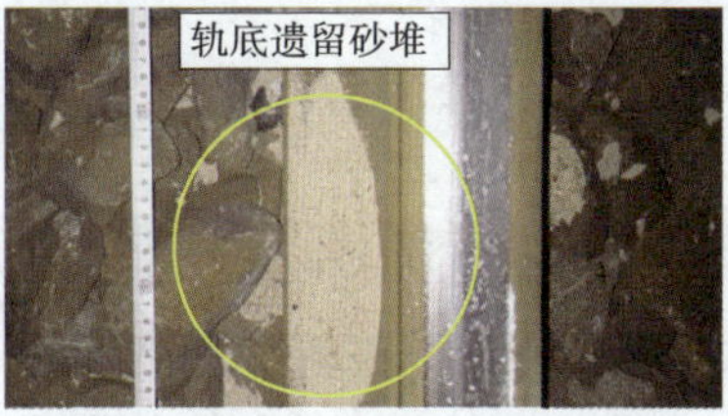

图 3-13　现场调查图

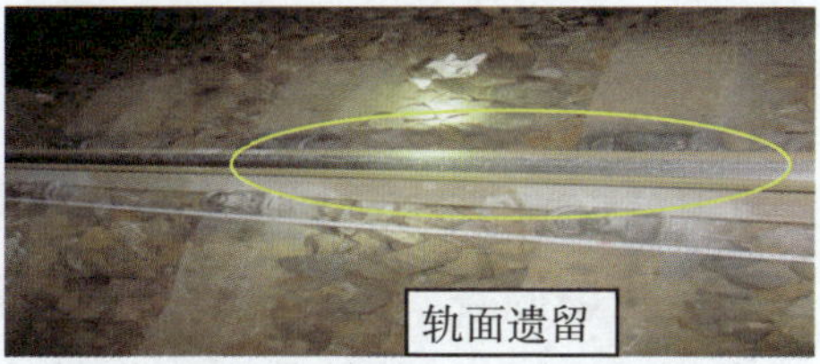

图 3-14　轨面遗留撒砂痕迹

（三）案例3

某线区间在列车运行过程中，连续多个区段残压上升，如图3-15所示。

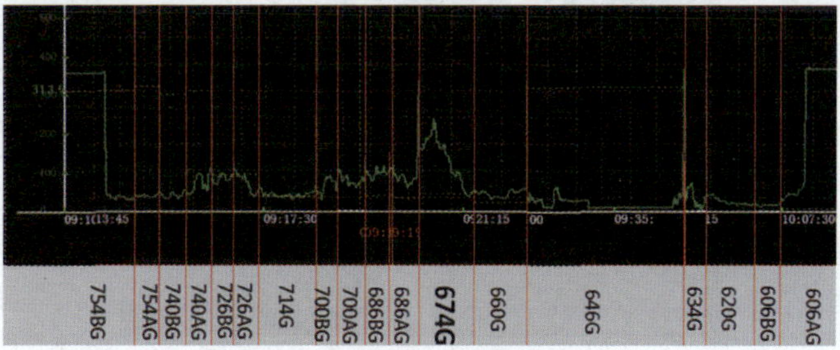

图 3-15　残压曲线

经现场调查，发现单机长时间停轮后首次运行，轮对表面锈蚀，发生占用丢失。现场轮对如图3-16所示。

图3-16 现场轮对

（四）案例4

某线区间联调联试时，某单机运行时存在多个区段残压上升现象。

经现场调查，发现该单机为电力机车，而本线其余运行列车均为动车组，动车组轮轨接触在钢轨中间，因此钢轨两侧锈蚀较严重，而电力机车轮轨接触位置在钢轨两侧，因此导致占用丢失。现场调查图如图3-17所示。

图3-17 现场调查图

（五）案例5

某站无岔区段长200 m，列车运行时残压上升且持续波动，如图3-18所示。

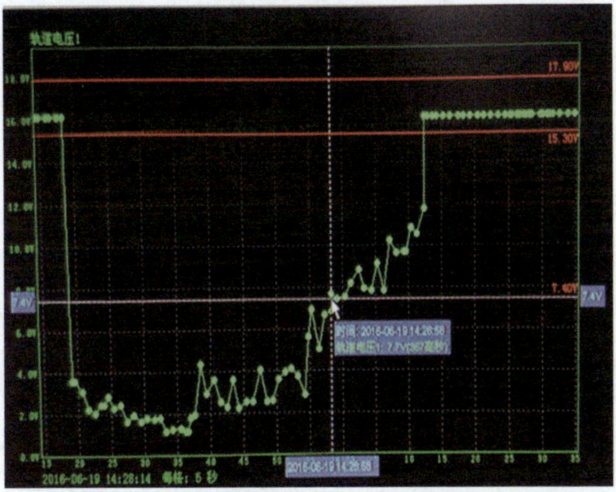

图 3-18　列车运行时残压曲线

经现场调查，发现雨后轨面锈蚀严重，造成占用丢失，现场调查图如图3-19所示。

图 3-19　现场调查图

第二节 外部环境干扰造成的信号迂回

一、外部环境干扰造成的信号迂回原因及处理思路

一般造成长大列车在长区段出现分路不良的原因是外部环境干扰导致的信号迂回，属于隐性故障，难以发现且安全隐患较大。

可根据图3-20所示信息和特征进行现场调查，对于较复杂原因可以使用排除法。

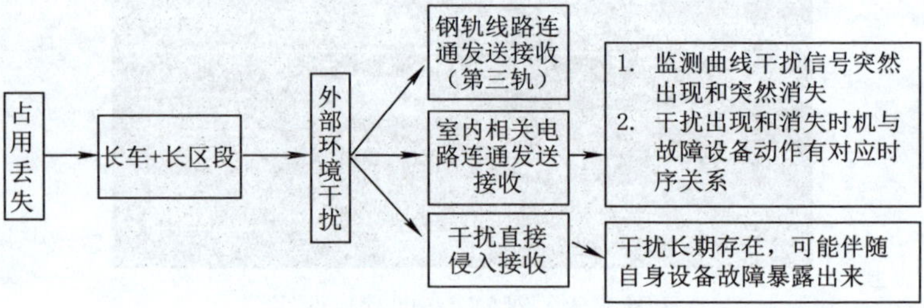

图3-20 外部环境干扰处理思路框图

对于接口设备故障，其特征是干扰的出现和消失时机一般与故障设备的动作有明显的时序对应关系，且在监测曲线上表现为信号突然出现和突然消失。

对于干扰直接侵入接收设备，其特征是干扰一般长期存在，可能伴随一些自身设备故障暴露出来。

二、故障案例

（一）案例1

某线区间列车在0172BG有CTC占用丢失报警，监测残压曲线如图3-21所示。全站的所有区段中，仅198BG出现调整电压升高，如图3-22所示。

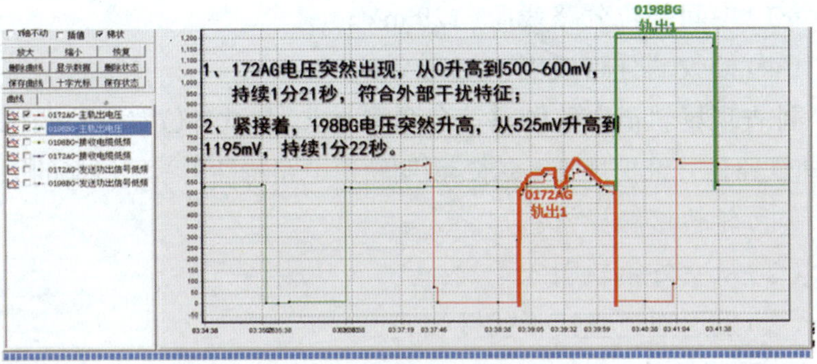

图 3-21　监测残压曲线 1

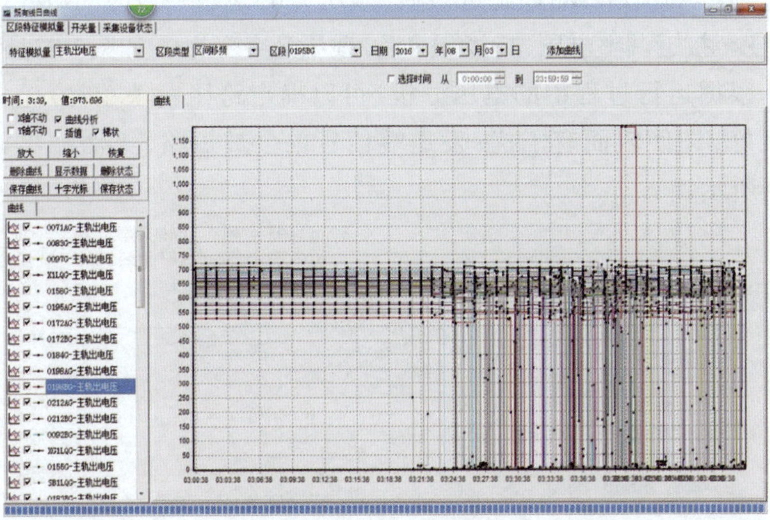

图 3-22　监测残压曲线 2

1. 轨道电路测试

172AG 占用丢失报警时，接收端低频＝发送端低频，说明为本区段的信号。

轨道电路工作情况测试：

（1）室外用标准分路电阻测试0172AG分路残压：

（2）发送端分路残压：87.8 mV；

（3）中间部位分路残压：129 mV；

（4）接收端分路残压：133 mV。

排查现场轨道电路调整符合调整要求，测试各位置分路残压符合《普速铁路信号维护规则》要求，说明轨道电路特性正常。可能的原因：

（1）轮轨接触异常；

（2）从室外钢轨引入干扰；

（3）发送通道直接干扰接收通道。

2. 原因排除

列车压入172AG轨道区段后，残压为0，运行一段时间后残压由0突变至接近调整电压，持续81 s后，残压又突变为0，如图3-23所示。

根据运行过程中的电压分析，可以确定跨压发送端时，轮轨短路良好，即使轨面有干扰，发送端信号也会被短路，无法输出如图3-24所示。

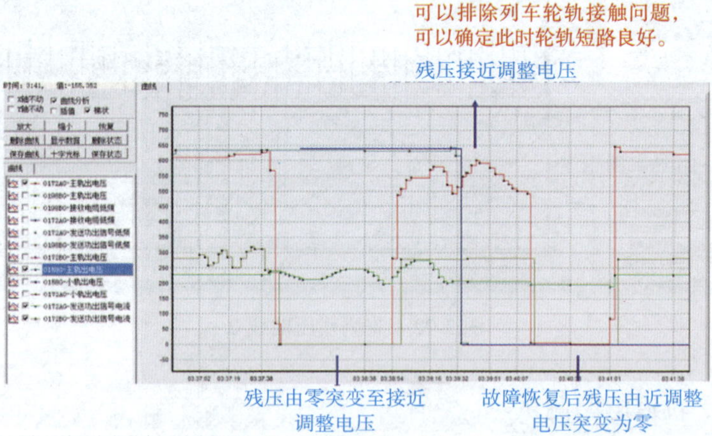

图3-23　干扰原因分析曲线

能够排除以下两个原因：

（1）轮轨接触消失、失去对钢轨的分路；

（2）钢轨上出现第三轨，造成信号迂回。

剩余的可能原因是发送通道直接干扰接收通道，也包含两种原因：

（1）通道间绝缘不良；

（2）其他短路。

通道间绝缘不良可能有如图3-25所示的三种原因。

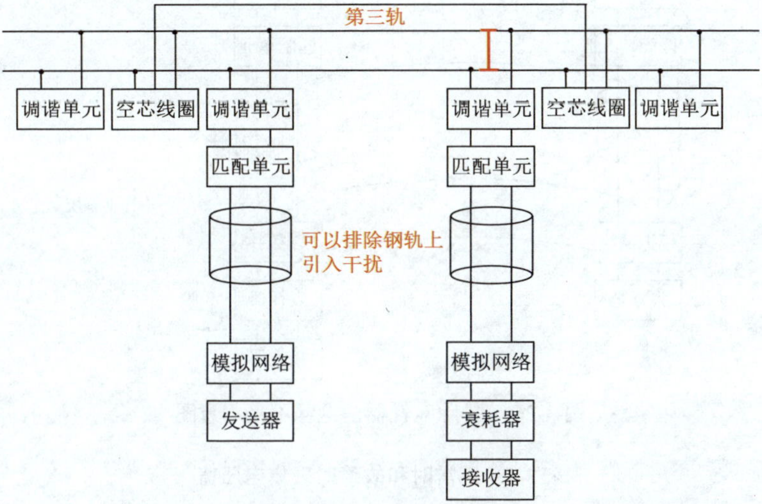

图3-24　发送信号被短路

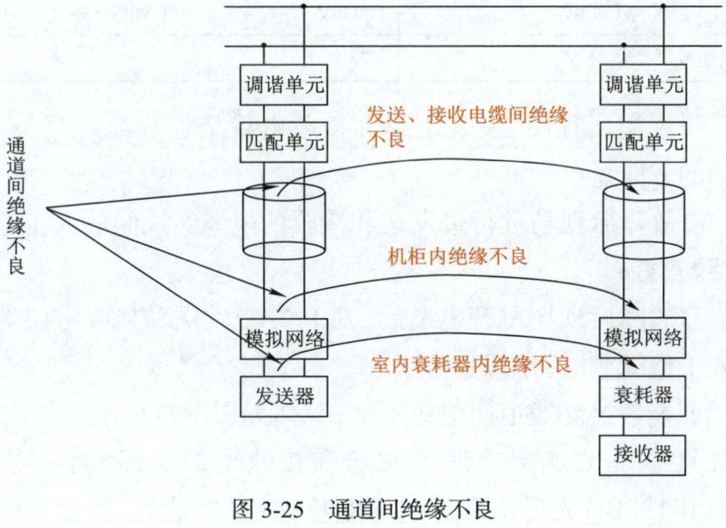

图3-25　通道间绝缘不良

故障时，接收端电缆侧采集电压也出现了相近比例的升高。可以排除衰耗器内绝缘不良产生信号引入（图3-26，表3-1）。

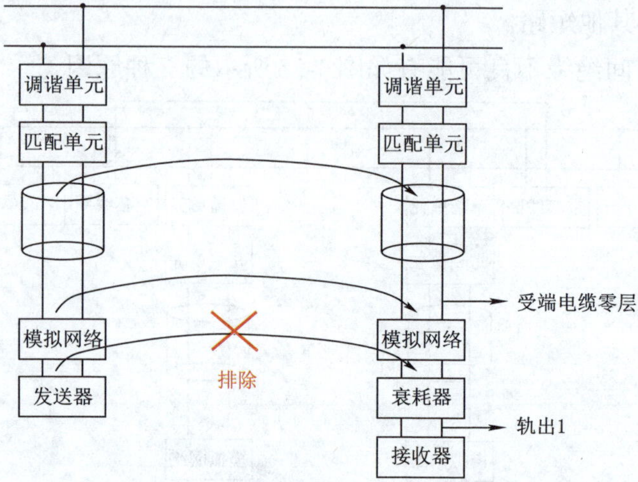

图3-26　排除衰耗器内绝缘不良示意图

表3-1　正常时和故障时采集电压值

	正常时	故障时最大值	变化比例
轨出1	621 mV	600 mV	96%
受端电缆零层	8.36 V	7.78 V	93%

（1）查阅工程图，发送电缆和接收电缆全程分缆，且没有进入过相同的方向盒；

（2）故障后现场进行过发送和接收的电缆芯线间的人工绝缘测试，绝缘良好；

（3）故障后现场甩开电缆后，对172AG发送和接收零层端子进行过人工绝缘测试，绝缘良好。

因此能够排除通道间绝缘不良，具体如图3-27所示。

怀疑意外的连接接通了发送和接收电缆芯线，且在故障时172AG和198BG先后出现了81 s和82 s的异常情况，怀疑这两个区段出现了相同的问题，只是172AG因处于占车状态，体现为占用丢失报警，198BG调整状态仅体现出电压突然升高。

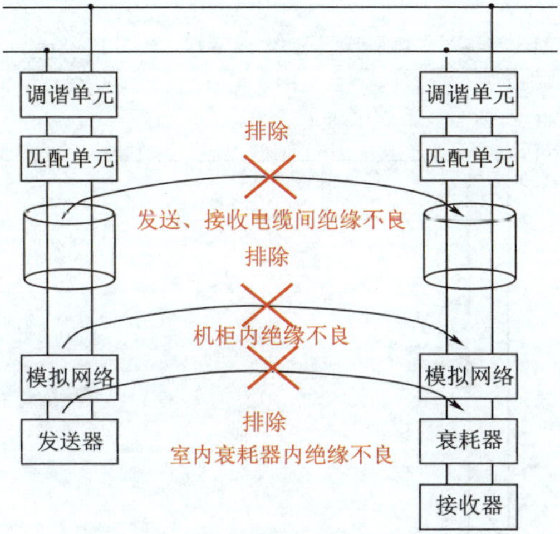

图 3-27　通道间绝缘不良排除示意图

对172AG和198BG进行了现场故障模拟试验，并在试验室内进行了同场景的模拟仿真计算。在0172AG室外送端人工分路，室内在综合柜零层短路发送D4-15和接收电缆D4-16各一芯线（使用MF14万用表电流挡），0198BG在调整状态室内短路发送D5-15和接收D5-16各一芯线，如图3-28所示。

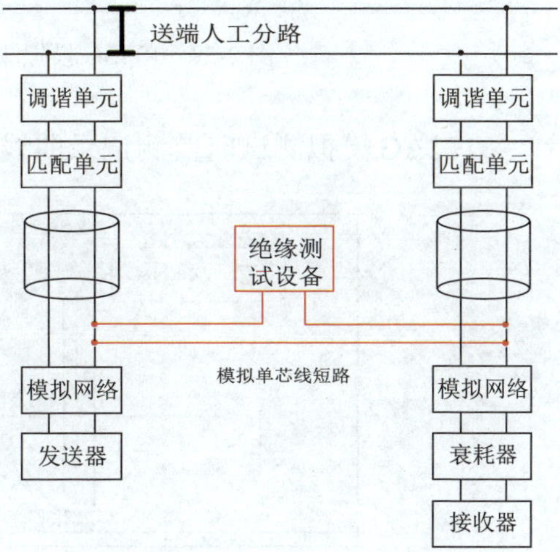

图 3-28　模拟单芯线短路示意图

198BG模拟测试时监测曲线记录如图3-29所示。

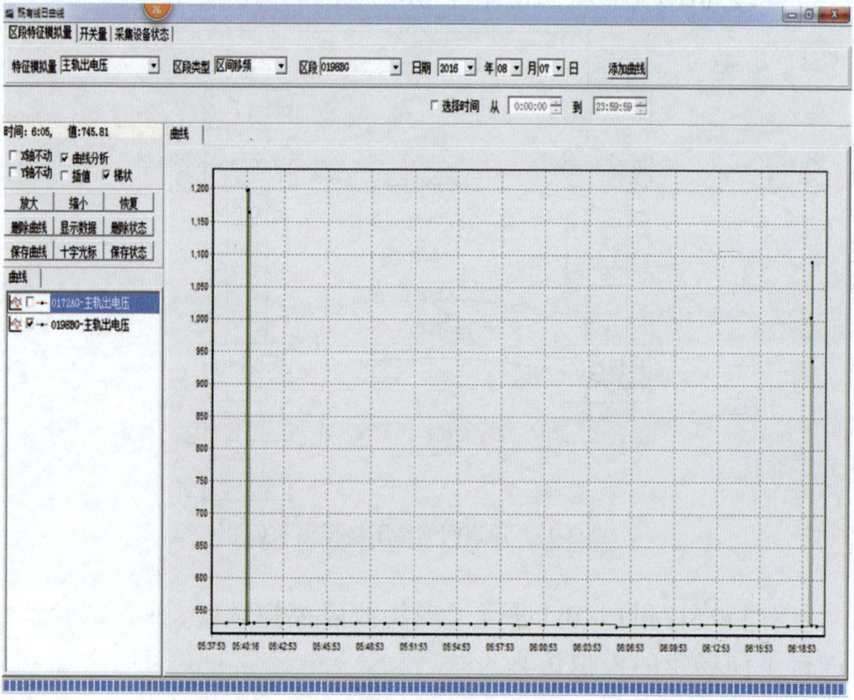

图3-29 198BG模拟测试时监测曲线

172AG模拟测试时监测记录曲线如图3-30所示。

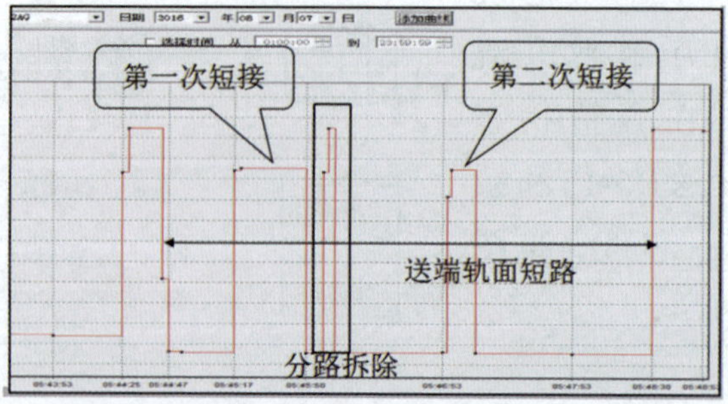

图3-30 172AG模拟测试时监测记录曲线

可以发现，模拟测试的现象与故障时吻合，见表3-2。

表3-2　模拟测试结果与故障现象对比

区段名称	内容	轨出电压（mV）		备注
		正常调整电压	故障状态	
172AG	现场故障时	620	500 ～ 600	分路条件下模拟故障
	再现测试时	621	527	
	仿真分析结果	620	557	
198BG	现场故障时	525	1 195	调整状态下模拟故障
	再现测试时	530	1 200	
	仿真分析结果	600	1 210	

3.故障原因分析

电缆正常时，芯线处于平衡状态，发送和接收电缆间没有回路，不产生信号传输。钢轨是信号的唯一回路，列车占压时能够实现对信号的短路，通过电压判断空闲、占用，如图3-31所示。

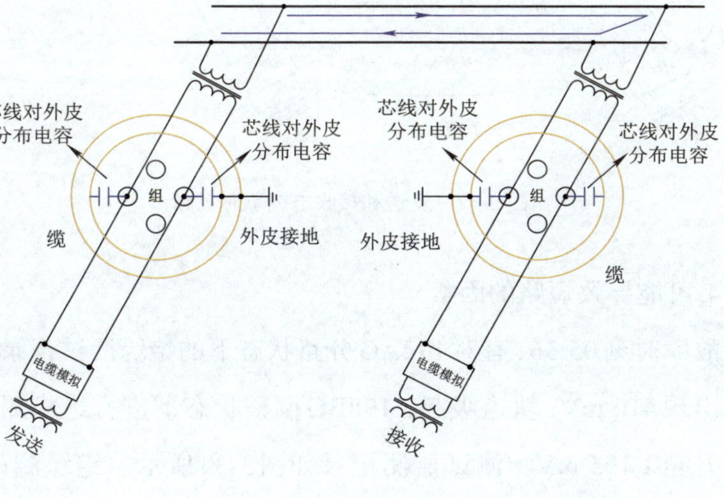

图3-31　电缆正常时，发送和接收电缆间无回路

当出现发送和接收电缆单芯短路时，破坏了电缆对地平衡性，另一根电缆通过对地分布电容构成联通，形成了一个新的信号回路，该回路由发送端直接从发送传输至接收端，该信号由于不经过钢轨，不能被线路上运行列车短路，如图3-32所示。

根据各种原因的排查分析及现场试验测试再现情况，故障原因为外部故障造成发送和接收电缆间短路，造成发送信号直接侵入接收端通道，电压满足吸起条件，表示空闲。

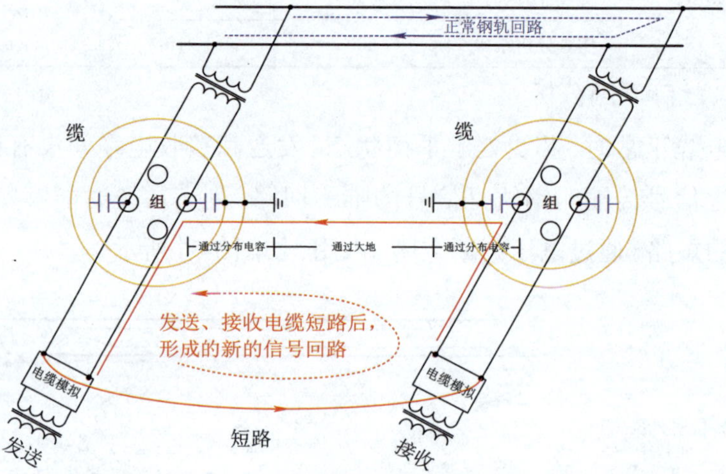

图3-32　发送和接收电缆单芯短路

4. 可能导致短路的因素

故障时刻05:36，有对172AG分路状态下的绝缘测试记录，此时残压出现410 mV，轨道吸起；198BG调整状态下进行绝缘测试，电压上升至1 195 mV。测试监测记录如图3-33所示。绝缘测试原理如图3-34所示。

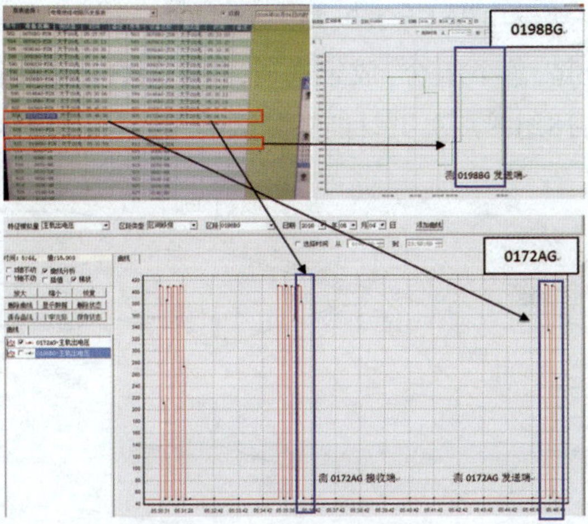

图 3-33 测试监测记录

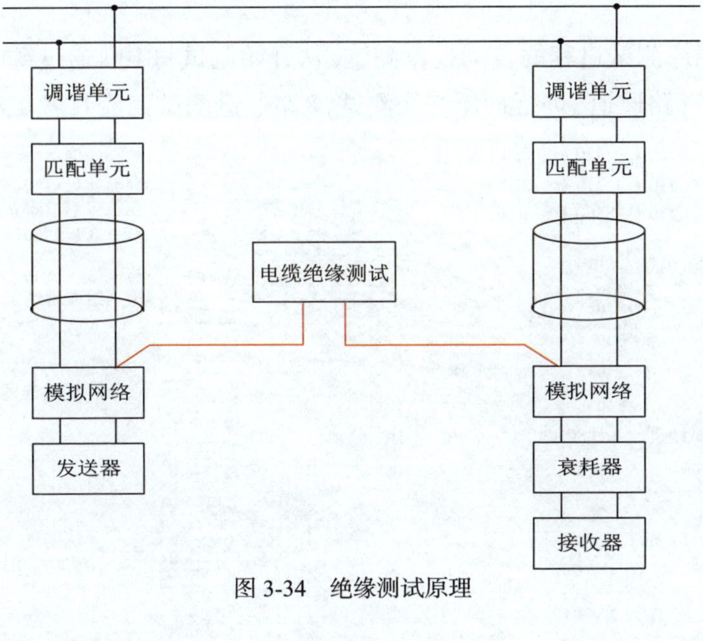

图 3-34 绝缘测试原理

每个绝缘测试组合有7台继电器，一级继电器1台J20，二级继电器

2台J10、J11，三级继电器4台J00、J01、J02、J03，通过第一级、第二级和第三级继电器吸起、落下组合，成组选通，每个组合有8组通道，每组8个点位（继电器的8组接点），共计能够测试64个点位，如图3-35所示。

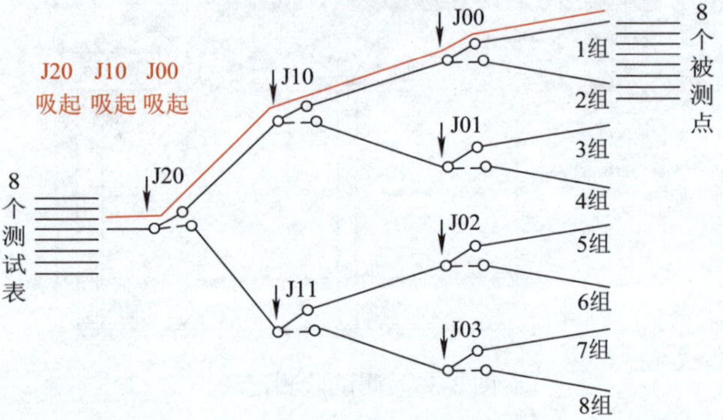

图 3-35 绝缘测试组合测试点示意图

绝缘测试过程的自动批量测试，从开始测试每10 s通过继电器组合建立1路通道，进行加压绝缘测试，8路通道测试完成共需要80 s。

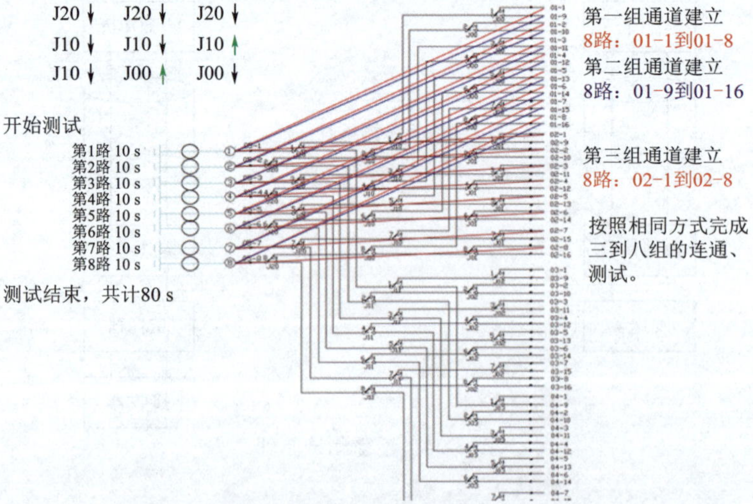

图 3-36 绝缘测试过程的自动批量测试示意图

而172AG出现分路残压升高的时间持续81 s，198BG出现调整电压升高的时间持续82 s，与每组绝缘测试时间吻合。

因此送受端短路的原因可能是绝缘测试通道建立时出现异常回路所致。

5. 排查过程总结

本次故障的查找过程是面对复杂对象时的排除法典型运用，各主要排除过程如图3-37所示。

（二）案例2

某线区间列车在4752G占用丢失，室外人工分路后主接收器仍输出19.6 V的直流电压，轨道继电器不落下。现场更换衰耗器后恢复。

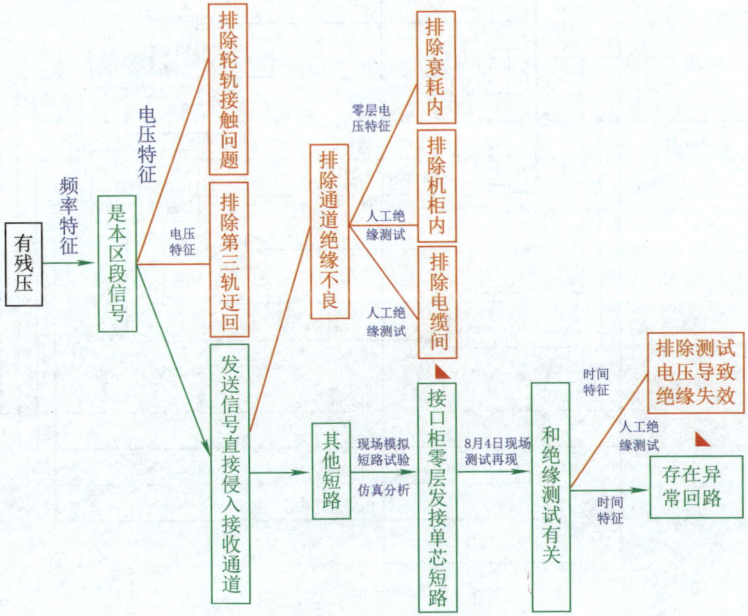

图 3-37 排除过程示意图

①故障复现

（1）在拔出受端模拟网络切断接收端信号条件下，ZIN（z）、GIN（z）连接采集线时，衰耗器虚接或拔掉后，接收器ZIN（z）、GIN（z）端有280 ～ 330 mV的干扰电压，GJ电压状态为吸起。

（2）在拔出受端模拟网络切断接收端信号条件下，拆除ZIN（z）、GIN（z）采集线的情况下，衰耗器拔掉后，接收器ZIN（z）、GIN（z）端电压降低为15 ～ 19 mV，GJ电压状态保持落下。

②故障原因分析

（1）监测采集问题：轨出1采集线未加隔离直接在接收器底座引出（图3-38）。

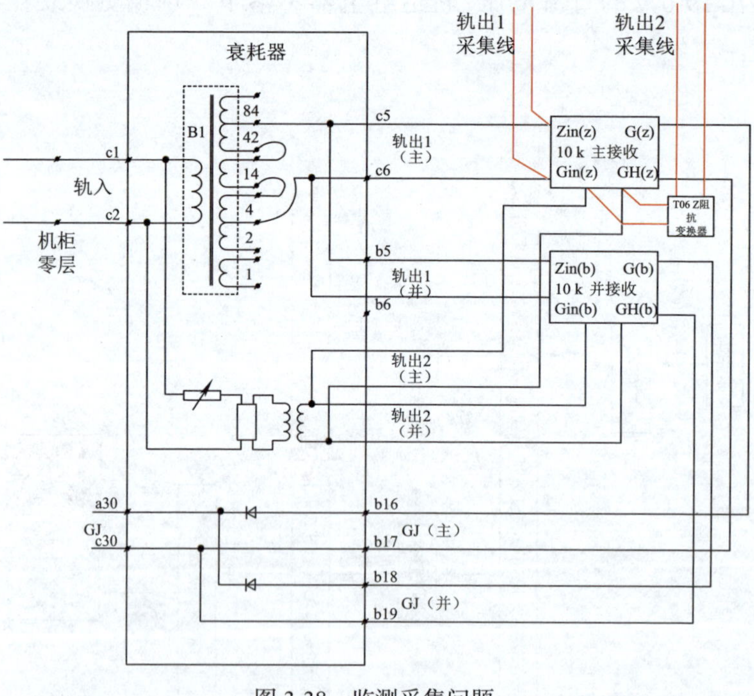

图 3-38　监测采集问题

（2）采集柜间配线绕行较长：移频柜与组合柜间配线绕行至另一房间的监测机柜（图3-39）。

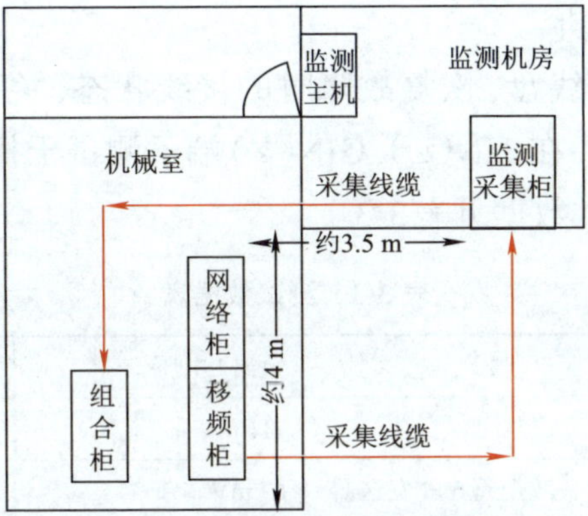

图 3-39　采集柜间配线绕行较长

干扰侵入原因：

监测采集线是旁路在主通道上的并联分支，这个分支通过空间耦合能够接收到其他线缆发出的载频信号，如图 3-40 所示。

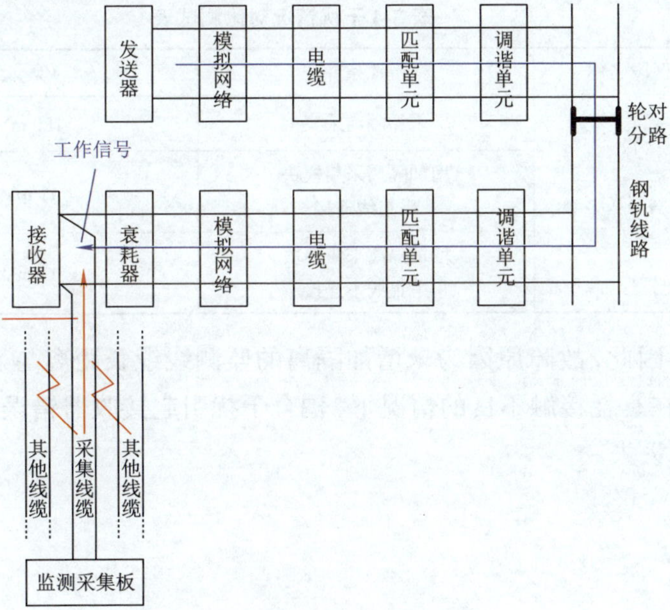

图 3-40　干扰侵入原因示意图

③干扰源分析

短路受端分线盘，恢复故障时的接线状态，关掉各发送器后再逐个打开发送器，在ZIN(z)、GIN(z)端子测试干扰电压，判断干扰引入的位置，测试数据见表3-3。

表3-3　测试数据表

开启区段名称	轨出1电压	GJ状态
关闭故障区段发送器	111 mV	落下
打开故障区段发送器，关闭上行*N*+1发送器	67 mV	落下

将上行*N*+1发送器的功出回线连接至电缆屏蔽层后，现场故障情况再次复现。

在故障区段轨出1采集点前增加隔离模块后，进行相关干扰情况对比测试，结果见表3-4。

表3-4 干扰情况对比测试表

区段名称	模拟条件	$V_{ZIN\text{-}GIN}$
4752G	未加隔离采集	180 mV
	增加隔离采集模块 采集线连接	11 mV
	增加隔离采集模块 采集线不连接	11 mV

因此，故障原因为未增加隔离的监测线缆长距离与发送线缆并行，在衰耗接触不良的情况下，耦合干扰引起接收器错误动作，导致占用丢失。

第四章　道床漏泄分析与处理

一、道床漏泄原因分析

(一)道砟电阻在轨道电路系统中的作用

根据TB/T 2852—2015《轨道电路通用技术条件》,各种制式的轨道电路,在规定的技术性能范围内均应实现一次调整。

所谓一次调整是指在最不利条件下,每段轨道电路内,可变环节的电气参数经首次调整后,能满足调整、分路、机车信号三种状态的要求,无需随外界参数的变化再次进行调整。因此,ZPW-2000A型轨道电路的调整既需要道砟电阻低的条件下满足调整要求,需轨出电压不小于240 mV,又需要在保证在道砟电阻最高的条件下满足分路要求,标准电阻分路残压不超过140 mV,如果调整电压提高,可能导致标准分路电阻分路失去分路,如图4-1所示。

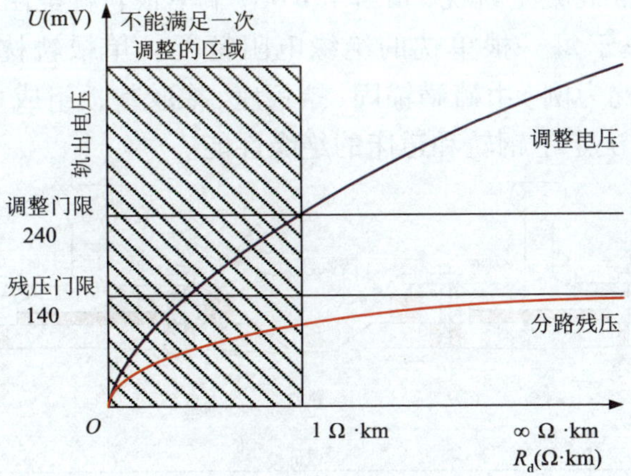

图4-1　ZPW-2000A轨道电路的调整需满足条件示意图

当道砟漏泄时道砟电阻会随之下降，当降低标准以下时，可能导致调整状态出现红光带。

（二）道床漏泄的原因分析

道砟电阻主要受轨枕、道砟和轨枕绝缘影响。

1.轨枕的导电性

轨枕一般由混凝土构成，混凝土中存在大量毛细孔，含有以饱和$Ca(OH)_2$为主的离子电解质溶液，在电压作用下孔溶液发生电解迁移，从而使混凝土具有电学特性。混凝土导电性能随着湿度增大而增大。

2.道砟的导电性

道砟的主要化学成分是SiO_2，本身不导电。道砟表面累积粉尘，粉尘在潮湿条件下导电。

通过现场观察，隧道内比隧道外容易积累粉尘。隧道外由于雨水的冲刷，道砟表面基本无粉尘覆盖；而隧道内由于没有雨水的冲刷，粉尘不断累积，尤其是南方地区，隧道内积累粉尘后，返潮时道砟的导电性会显著增大。

3.轨枕绝缘

根据《高速铁路设计规范》（TB 10621—2014）每千米铁路线路有1 667根混凝土轨枕，相当于1 667个单根轨枕电阻的并联。道砟电阻取决于每一根单枕的绝缘电阻情况。单根轨枕的绝缘（以CRTS Ⅱ型枕为例）由硫磺锚固、挡板座、橡胶垫板组成（图4-2），这些绝缘环节决定了钢轨和道床的绝缘性能。

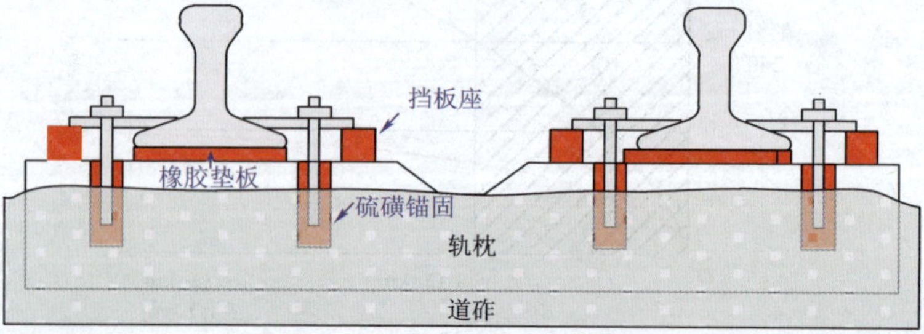

图4-2 轨枕绝缘组成示意图

轨枕绝缘由轨底的橡胶垫板和扣件系统绝缘两部分组成。

从绝缘性能上，在用的扣件系统绝缘通常有两类：一次绝缘系统和二次绝缘系统。

（1）一次绝缘系统，仅依靠轨底垫板和道钉螺栓绝缘保证钢轨的对地绝缘，如图4-3所示。

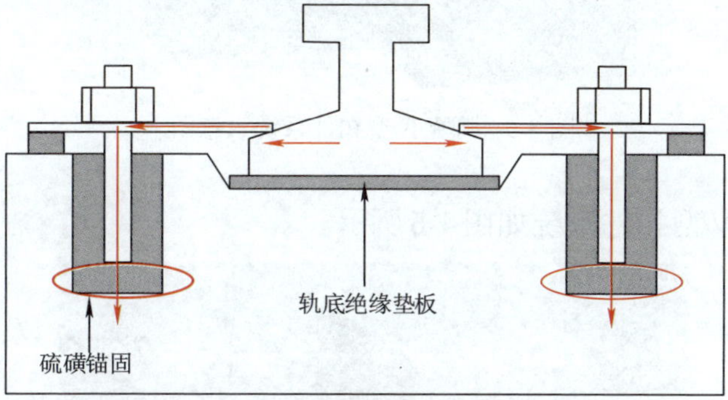

图4-3 一次绝缘系统构成示意图

一次绝缘的常用类型：弹条Ⅰ、Ⅱ型（一般常见于Ⅲ A型轨枕），弹条Ⅳ型、弹条Ⅴ型（一般常见于Ⅲ C型轨枕）。弹条Ⅰ、Ⅱ型扣件系统如图4-4所示，弹条Ⅳ型扣件系统如图4-5所示。

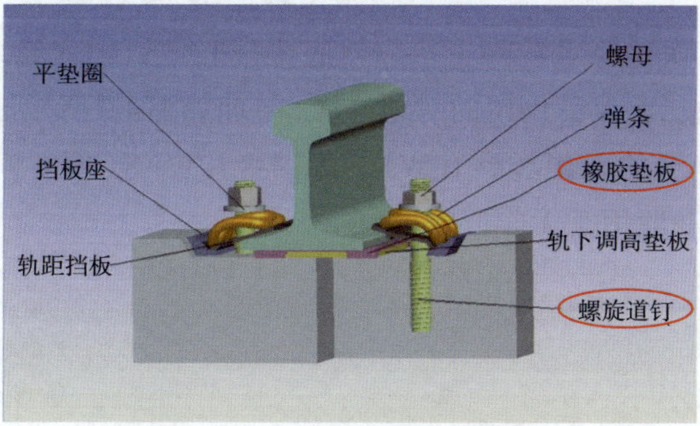

图4-4 弹条Ⅰ、 Ⅱ型扣件系统示意图

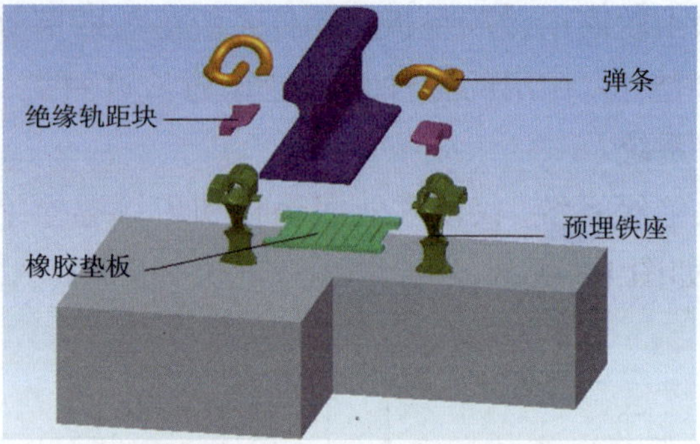

图 4-5 弹条Ⅳ型扣件系统示意图

弹条Ⅴ型扣件系统如图4-6所示。

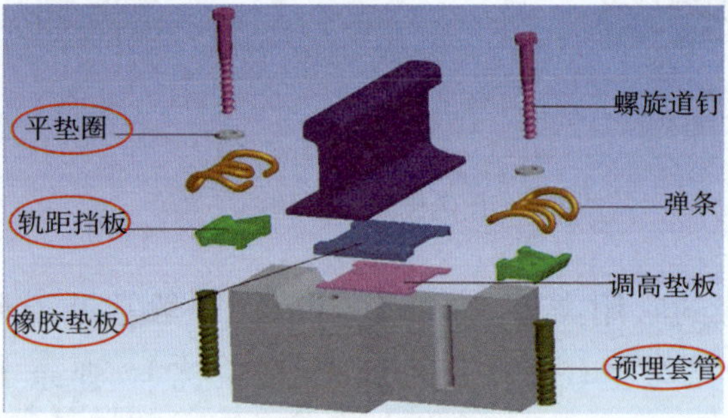

图 4-6 弹条Ⅴ型扣件系统示意图

（2）二次绝缘系统除了依靠轨底垫板和道钉螺栓绝缘外，增加了绝缘垫块二次保证钢轨的对地绝缘，原理如图4-7所示。

二次绝缘的常用类型有WJ-7（图4-8）、WJ-8（图4-9）及300型（图4-10），一般用于无砟道床。

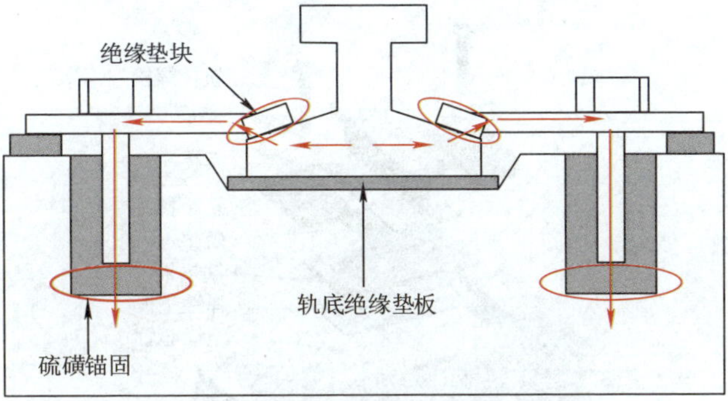

图 4-7　二次绝缘系统原理图

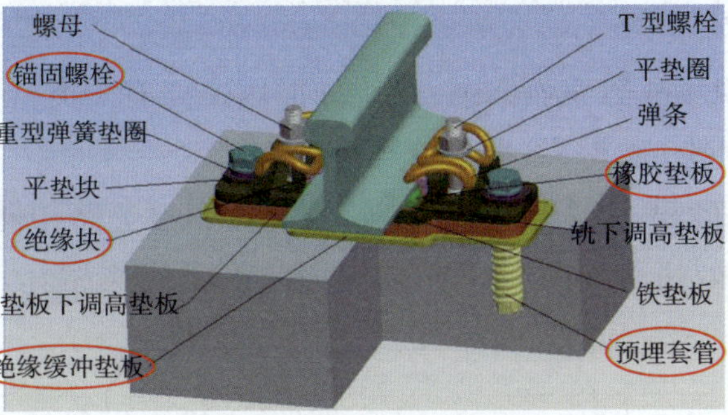

图 4-8　WJ-7 扣件系统示意图

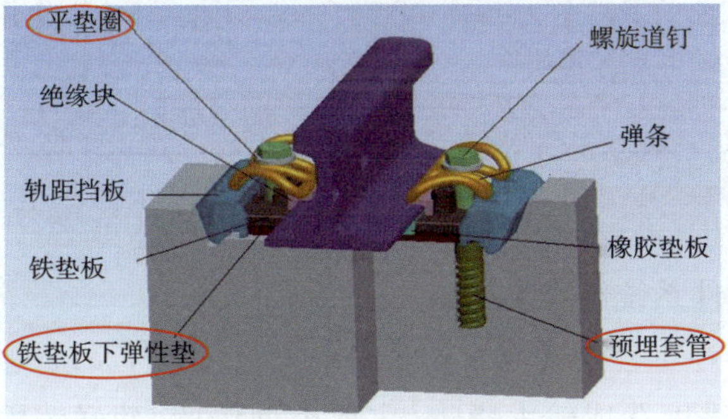

图 4-9　WJ-8 扣件系统示意图

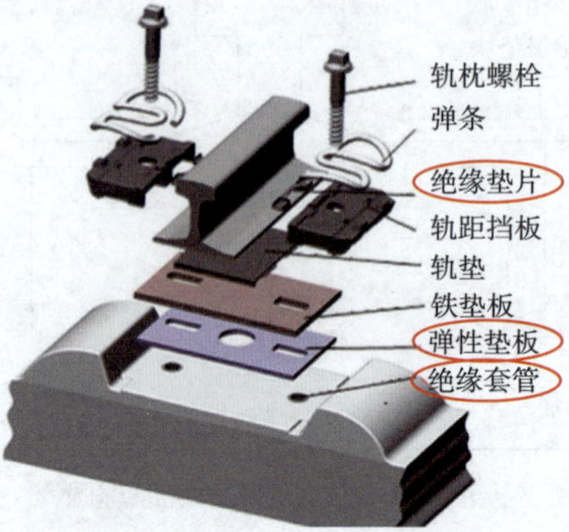

图 4-10　300 型扣件系统示意图

根据现场故障案例归纳，低道床原因主要有三类：

（1）煤粉、砂粉、线路石砟等掩埋钢轨

煤粉、砂粉、线路石砟等掩埋钢轨后，直接旁路扣件系统中的所有绝缘，失效机理如图 4-11 所示，影响扣件所有类型。

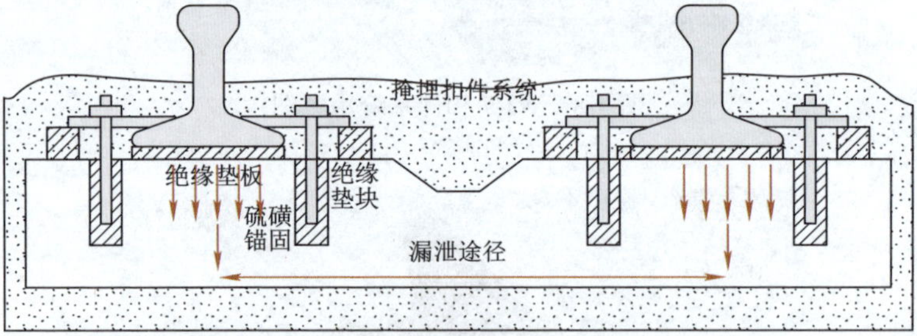

图 4-11　掩埋扣件系统失效机理图

（2）扣件系统绝缘失效

近些年在工程中暴露出较多的一次绝缘扣件系统的绝缘失效问题，对工程进度造成较大影响，主要类型包括：硫磺锚固绝缘失效、轨底垫板绝缘失效。

（3）线路污染、泥水堆积

由于线路污染、泥水堆积，造成扣件系统中的绝缘被旁路，失效机理如图4-12所示。

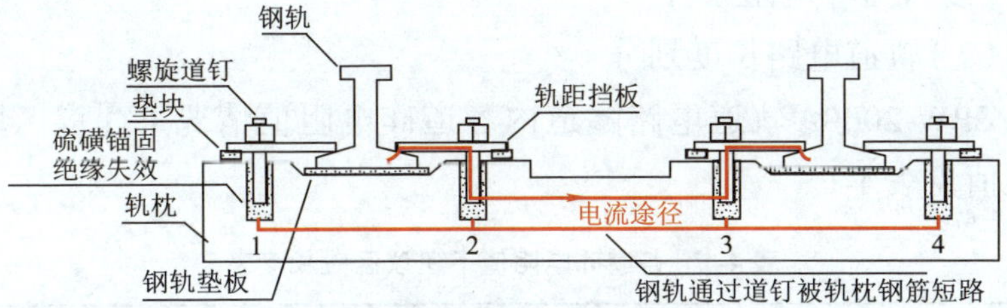

图4-12　绝缘失效机理图

主要类型有防冻液遗洒、隧道内泥水覆盖扣件、扣件锈蚀后堆积氧化物。

二、处理思路

1.处理思路

针对道床漏泄的特点，结合近年部分线路区间低道床整治经验，建议采取如下方案进行整治。

（1）道床清理

按相关规范要求对道砟进行清理，清理扣件系统表面污染物。

①《高速铁路设计规范》（TB 10621—2014）中要求："道床顶面应低于轨枕承轨面40 mm，且不应高于轨枕中部顶面"。

②《普速铁路信号维护规则》（铁总运〔2015〕238号），第3.1.12条要求："在轨道电路区段内的道床，应保持清洁及排水良好。道砟面与钢轨底面的距离应保持在30 mm以上。

（2）使用二次绝缘扣件

目前市场上高强度复合材料模压制成的轨距挡板具有自重轻、强度高、阻燃、耐候、耐腐蚀、绝缘性好的特点，满足扣件系统强度要求的同时提高了绝缘性。

使用复合材料的轨距挡板代替一次绝缘扣件系统中的金属轨距挡板，彻底切断钢轨与扣件系统的电流通道，可有效提高轨间绝缘程度，改善道砟电阻条件。

(3)轨道电路长度划分

ZPW-2000A轨道电路隧道内各道砟电阻值情况下建议区段长度取值见表4-1。

表4-1　各道砟电阻值下建议区段长度表

序号	区段长度(m)	适应最低道砟电阻(Ω·km)	调整方式	轨面电压(V)	电缆长度(km)
1	450	0.6	V3.0	大于0.8	小于10
2	600	0.8			
3	700	1			

当存在下列情况，需缩短轨道电路长度：

①电缆长度超过10 km；

②处于分相区范围。

2.测试方法

(1)橡胶垫板绝缘及测试

橡胶垫板绝缘失效，将会在图4-13中两钢轨间形成蓝色箭头所示的电气通路。

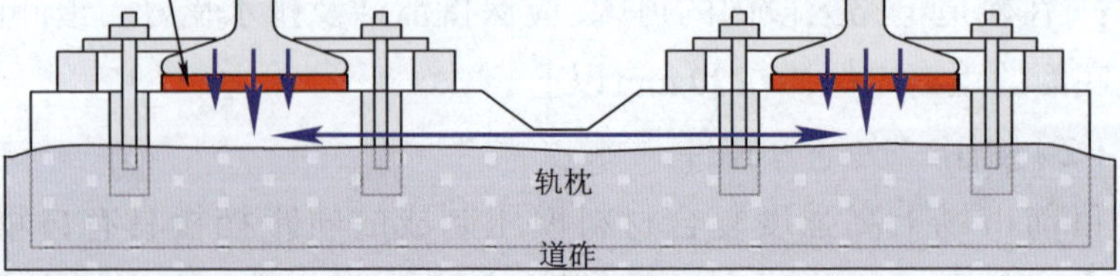

图4-13　橡胶垫板绝缘失效构成的电气通路示意图

对于橡胶垫板的绝缘性能，技术条件中有明确规定：

测试方法：根据TB/T 2626—1995《铁道混凝土枕轨下用橡胶垫板技术条件》附件B3 试验要求和装置，垫板测试电压为500 V 电极A、B二块为铜板（现场测试为铁板）。电极A质量不得低于5 kg，橡胶垫板测试示意如图4-14所示。

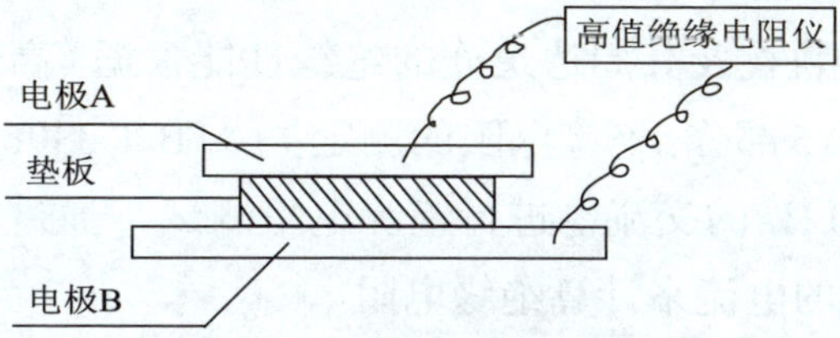

图 4-14　橡胶垫板测试示意图

判定依据：试验结果要求，抽样所取每一样本都要进行测试，其绝缘电阻应大于1 MΩ。

（2）硫磺锚固绝缘及测试

硫磺锚固绝缘失效，会在图4-15中的两钢轨间形成蓝色箭头所示的电气通路。

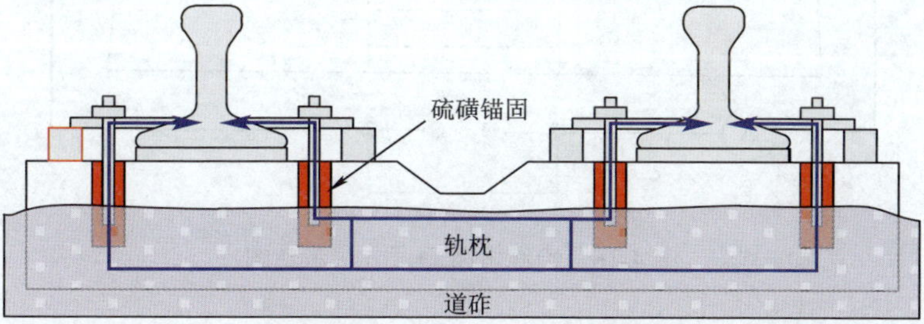

图 4-15　硫磺锚固绝缘失效后构成的电气通路示意图

高速铁路扣件，包括弹条Ⅳ型、弹条Ⅴ型、WJ-7型、WJ-8型等，应满足《高速铁路扣件 第1部分：通用技术条件》（TB/T 3395.1—

2015）要求："按TB/T 3396.5测试时，扣件的绝缘性能不应小于5 kΩ"。

普速铁路和部分客货共线铁路采用的弹条Ⅰ型、Ⅱ型扣件，其螺旋道钉采用了硫磺锚固方式，在《新建时速200公里客货共线铁路设计暂行规定》（铁建设函〔2005〕285号）中，有干燥0.1 MΩ、淋雨3.5 kΩ的要求。

测试单个轨枕及其周边道砟的绝缘性能根据《高速铁路扣件系统试验方法 第5部分：绝缘电阻的测定》（TB/T 3396.5—2015），要求"用30 V 50 Hz的交流电进行绝缘电阻测试"，通过被测对象两侧的电压和通过的电流来计算绝缘电阻。

规范上的测试方法是在实验室内，将两段长度约为0.5 m的短钢轨固定在一根轨枕上，使用规定的喷洒设备和水，记录喷洒过程中和结束后一段时间内两钢轨间的电压和电流值来计算电阻，测试方法如图4-16所示。

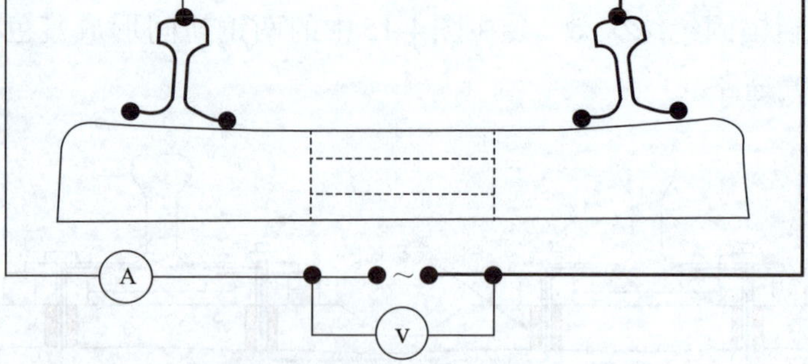

图4-16 绝缘电阻测试方法示意图

在Ⅱ型扣件系统中，钢轨是和螺旋道钉电气连通的。因此现场测试时，等效的采取拆除扣件弹条和挡板，直接测试螺旋道钉间电阻的方式测试轨枕绝缘，测试方法如图4-17所示。

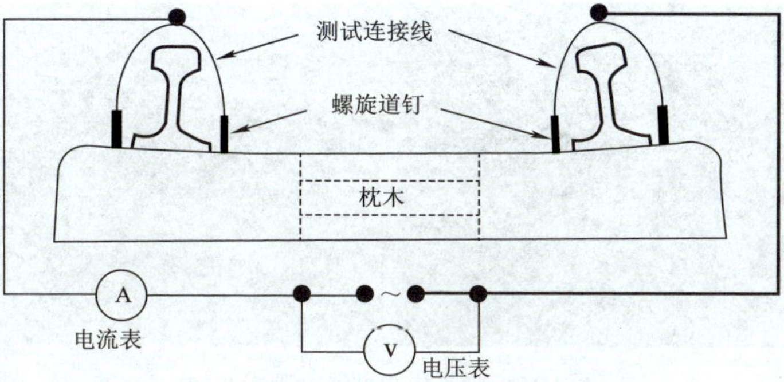

图 4-17　Ⅱ型扣件系统轨枕绝缘测试方法示意图

扣件系统内的淤积物在潮湿条件下可以导致轨枕绝缘电阻下降。

现场案例，道砟电阻不达标造成轨道电路电压低。根据测试方法测试Ⅱ型扣件的轨枕绝缘，不满足3.5 kΩ 要求。清理淤积物后测试，满足3.5 kΩ 要求。

三、故障案例

（一）案例1

某年雨季，某西南地区线隧道内区段出现红光带故障。在现场测试道砟电阻值，0.7 Ω · km 1处，0.8 Ω · km 1处，0.9 Ω · km 2处，全线梳理出区间低道砟电阻区段172个。

经调查测试和分析确认，本线区间使用Ⅲ型轨枕Ⅱ型扣件，隧道内道砟堆积较高，接触轨底，空气湿度大导致返潮结露、在轨枕扣件内有淤积物，扣件系统的绝缘性能不满足要求，造成道砟电阻下降，导致红光带故障。

隧道内扣件表面返潮结露时，堆积物形成泥浆状，破坏扣件绝缘，如图4-18所示。

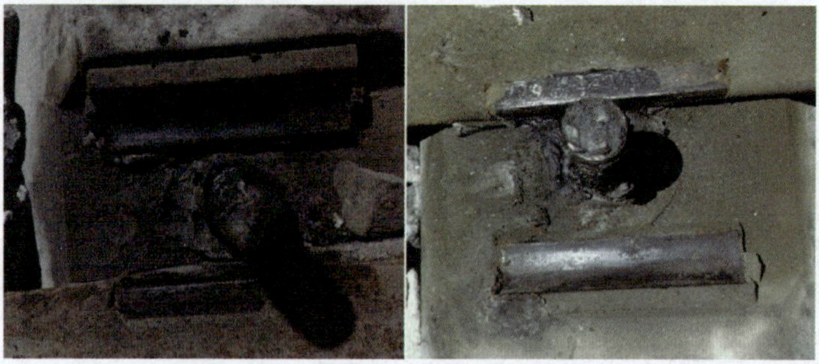

图 4-18 隧道内扣件绝缘破损实物

隧道内道砟接触轨底的情况普遍，如图4-19所示。

图 4-19 隧道内道砟接触轨底情况实物

经研究，本线区间低道床整治采用缩短区段长度方案：

整治范围为隧道相关区段及隧道外低道床区段，确保最不利条件下轨面电压不小于0.8 V，不恶化分路性能，满足一次调整：

（1）隧道相关区段按0.6 Ω · km道砟电阻适应，区段长度不大于450 m；

（2）隧道外区段按1 Ω · km道砟电阻适应，区段长度不大于700 m。

第二年，本线完成全线整治，涉及的区段736个。整治完成后，区段轨出电压值均大于350 mV（图4-20），未出现道砟电阻下降导致的红光带故障。

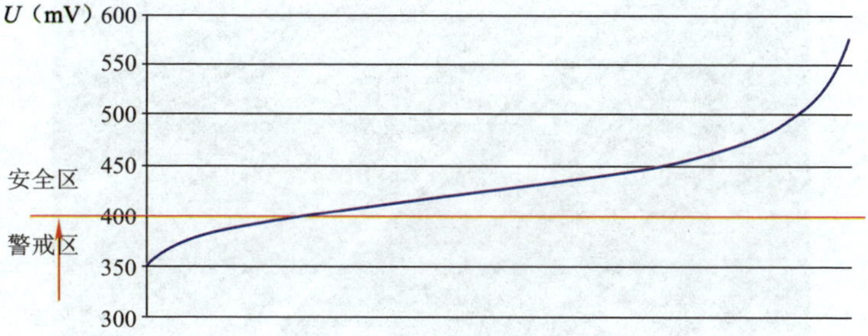

图 4-20　区段轨出电压曲线

（二）案例 2

某重载线路区间2143BG轨出电压低，雨天频繁出现红光带。对区段进行现场调查测试，该区段地处高架的桥上，该桥梁为风口地带，在轻车线上积存了大量的煤粉，严重的已经淹没超过轨腰，根据现场分析，结论为：道砟电阻最低时达到0.28 Ω · km，远小于既有线最低道砟电阻1 Ω · km的标准，煤粉覆盖至轨腰，雨天存积雨水造成道砟电阻急剧降低，如图 4-21 所示。

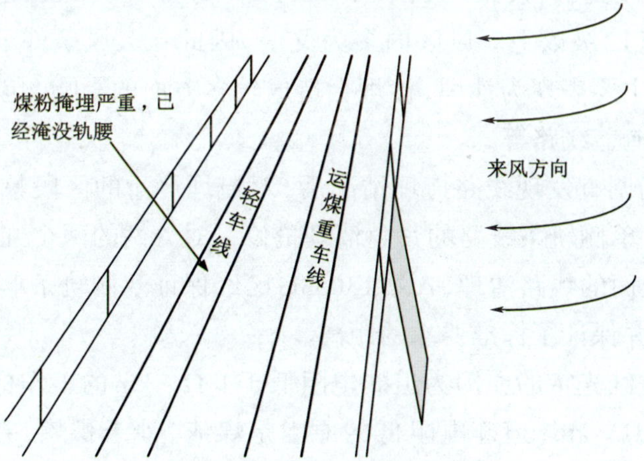

图 4-21　原理图及现场图

图 4-21　原理图及现场图（续）

后续，工务专业对该范围进行了人工清筛，清筛300 m后，就已经得到明显改善。

（三）案例3

某西北线路出现大面积红光带，出现轨道电路红光带的区段均地处风区，A站地处新疆三十里风区，B站地处新疆百里风区。在百里风区一年有320天都在刮8级以上大风，经常出现12级的风力，B站年平均大风日数140天，在4—6月间，每月有10天以上的大风，最大风速12级以上。风区内多为戈壁，因此在大风条件下，沙害较为严重，主要表现为沙埋，沙埋会造成较多方面的影响，包括阻塞道岔动作，掩盖线路等。

现场调查发现线路掩埋情况后，对掩埋严重的区段整个夜间持续进行了单侧轨条线路的紧急清理抢修。对A站的两个红光带区段进行了全面的线路清理，A站13053G已经保证双侧轨条下方均与道砟分离，并保证了标准要求的距离。

造成红光带的原因为道砟电阻低于1 Ω·km的工作标准，最低达到0.1 Ω·km；道砟电阻低的原因是煤渣、沙土积累，在降雨后，造成两轨条间绝缘被旁路，形成新的传导回路（图4-22）。

图 4-22 现场情况

故障特点：该类线路问题表现在局部区段，雨后轨出电压急剧降低，在短短十几分钟内甚至更短的时间内，轨出电压大幅降低，造成红光带，恢复过程缓慢。根据故障时段的数据分析发现，该类故障道砟电阻无下限，会根据现场环境变化产生不可预计的道砟电阻范围。另外，该类问题容易识别，通过现场调查直接可判断确定。

如图 4-23 所示为 A 站下雨时和雨后轨道电压恢复监测记录。

整改建议：由于该类故障的道砟电阻无下限值，必须由工务部门按照其标准进行线路的整治，根据《普速铁路信号维护规则》（铁总运〔2015〕238 号），第 3.1.12 条“在轨道电路区段内的道床，应保持清洁及排水良好。道砟面与钢轨底面的距离应保持在 30 mm 以上”，并持续按规范维护。

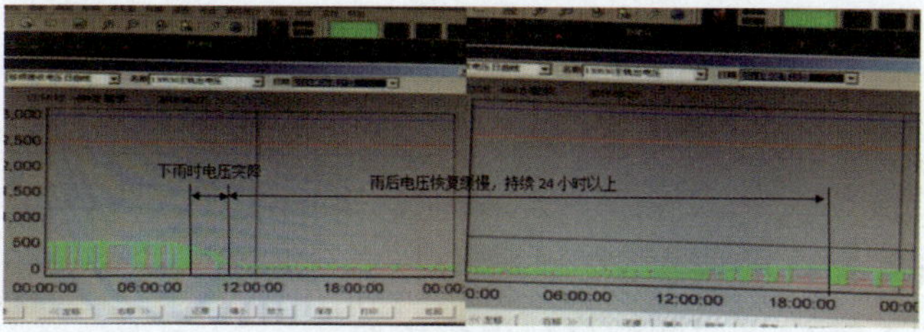

图 4-23 A 站下雨时和雨后轨道电压恢复监测记录

（四）案例4

某线路在工程开通前发现轨道电路无法正常调整，雨后轨道电压降低更为严重，最低达到0.6 V。在其他线路的轨枕更换中也多次发生，更换轨枕后轨道电路无法正常使用。根据与工务部门交流情况，其他工程中也发生类似情况，造成无法正常开通，对问题线路的道钉锚固进行了重新施工，该硫磺锚固绝缘失效原因是工务部门采用了新的工艺，称为“冷锚”（图4-24），该工艺的锚固材料存在电气绝缘性能不良的缺陷，已有路局明确要求禁止使用。

图4-24　道钉螺栓硫磺锚固绝缘不良现场图

现场处理过程中，本线采用在钢轨和轨距挡板间增加绝缘垫板，后续运用情况良好。

（五）案例5

某线路晴雨天道床电阻均较低，对于轨底的绝缘垫板测试不满足《铁道混凝土枕轨下用橡胶垫板技术条件》（TB/T 2626—1995）中规定的1 MΩ的要求，实测33 kΩ，确定原因为绝缘垫板材质问题引起（图4-25），需对问题材料进行更换。

图 4-25 轨底垫板绝缘失效现场图

该类故障在既有线路上发生的时机有明显特点：工务部门更换轨枕之后，在正常即表现出较低的轨道电压，在南方的潮湿隧道中更为明显，雨天下降严重。该类故障的确认需对扣件系统的绝缘性能进行测试，绝缘垫板可依据《铁道混凝土枕轨下用橡胶垫板技术条件》（TB/T 2626—1995）中要求测试，硫磺锚固失效可通过现场拆除扣件后测试轨道螺栓间的绝缘电阻方式判断确认。

第五章　传输设备故障分析与处理

ZPW-2000A型轨道电路的电子设备能够实现自监测故障报警功能，同时发送器和接收器是冗余的，一般故障后系统仍能够保证正常工作。对于单套的传输设备如防雷模拟网络盘、电缆、轨旁调谐匹配单元、扼流变压器等来说，一旦故障系统就无法正常工作，而且由于移频信号和RC电路一些特点故障位置难以查找，这类故障往往对运输干扰较大。为此，本章着重对ZPW-2000A型轨道电路的传输设备故障分析与处理总结一些规律性的思路、方法。

一、处理思路

1. 确认传输设备故障

对于高速铁路来说，轨道电路接收设备同时通过驱动轨道继电器和CAN通信向列控中心上传轨道区段状态信息。如图5-1所示。

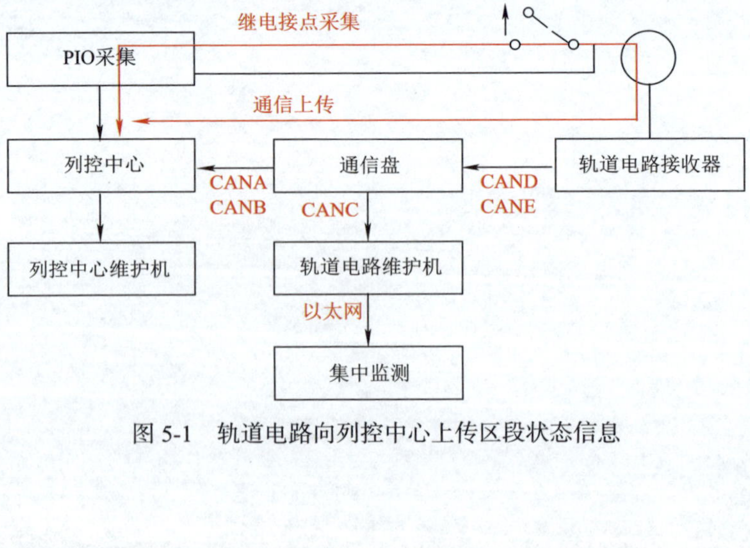

图5-1　轨道电路向列控中心上传区段状态信息

在出现红光带时，轨道继电器落下表示发送、接收器和传输设备故障，轨道继电器未落下表示通信或列控中心采集故障。

对于普速铁路来说，要结合模拟量变化区分电路故障和轨道电路传输设备故障。

2. 通过"五点电压法"锁定故障区域

本方法适用于区间轨道电路，将每个轨道区段定义为图5-2中五个区域。

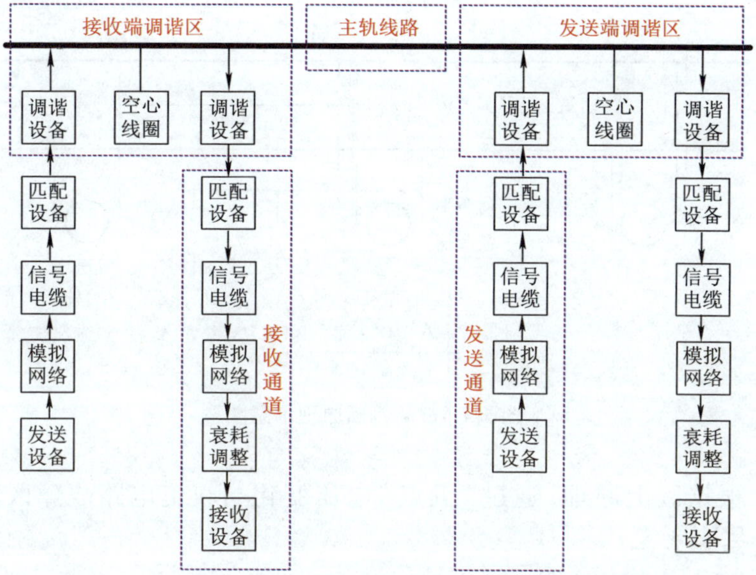

图5-2　轨道区段图

"五点电压法"中五点电压的对应位置如图5-3所示。

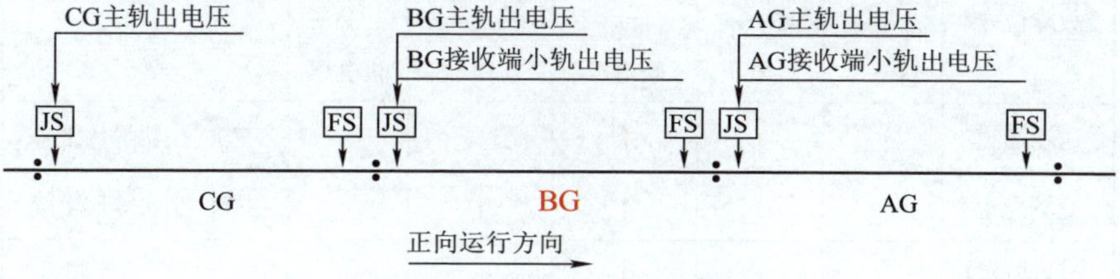

图5-3　五点电压的对应位置

由于接收主轨道和小轨道电压同通道传输，因此，根据主轨道、小轨道电压能够判断故障在发送端通道、接收端通道还是主轨道线路。

而调谐区的重要特征是通过并联谐振使其阻抗处于极大值，调谐区内参与调谐的任何设备故障都会导致并联谐振失谐，调谐区阻抗下降。调谐区阻抗下降会唯一地导致相邻两区段主轨道电压下降，因此根据相邻两区段的主轨道电压变化情况能够判断故障是否在调谐区内。其原理如图5-4所示。

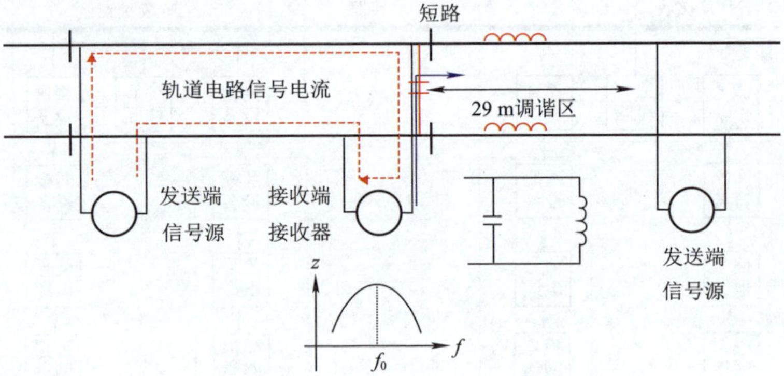

图5-4　故障判断原理示意图

根据以上原理，通过“五点”电压变化与轨道电路故障区域对位关系见表5-1。

表5-1　“五点”电压变化与轨道电路故障区域对位关系表

故障位置	现象					备注
	前方主轨电压	前方小轨电压	本区段主轨电压	本区段小轨电压	后方主轨电压	
送端通道		↓	↓			主轨、小轨等比下降
受端通道			↓	↓		主轨、小轨等比下降
送端调谐区	↓		↓			
受端调谐区			↓		↓	

续上表

故障位置	现象					备注
	前方主轨电压	前方小轨电压	本区段主轨电压	本区段小轨电压	后方主轨电压	
主轨线路		↑	↓	不变		
		↓	↓	不变		主轨下降比例高于小轨

3. 在各区域中进一步细化故障点

（1）电压比例法

“电压比例法”是指从接收端开始测试正常值和故障值，通过电压比值判断轨道电路故障区域。如图5-5所示，比例剧烈变化和比例正常之间的区域则是故障区域。

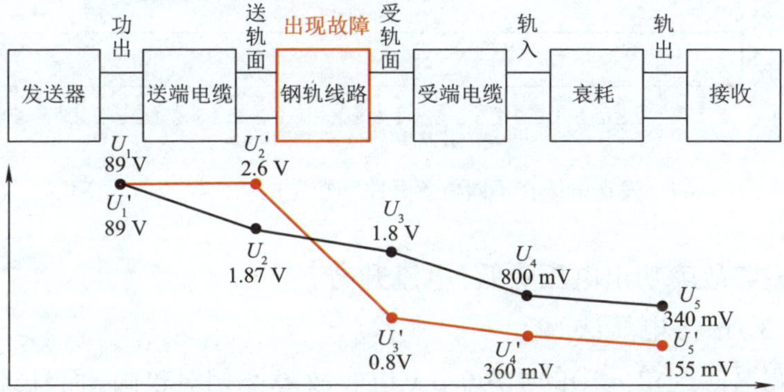

图5-5　故障区域判断原理图

（2）功出UI法

功出UI法主要用来细化判断发送端通道故障位置。以2 600 Hz信号为例，发送电缆在不同位置开路和短路的功出电压曲线变化如图5-6所示。功出电流曲线变化如图5-7所示。

根据图5-6、图5-7可以确认：

开路故障功出电压升高，开路点距离信号楼较近时电流降低、距离信号楼较远时升高。

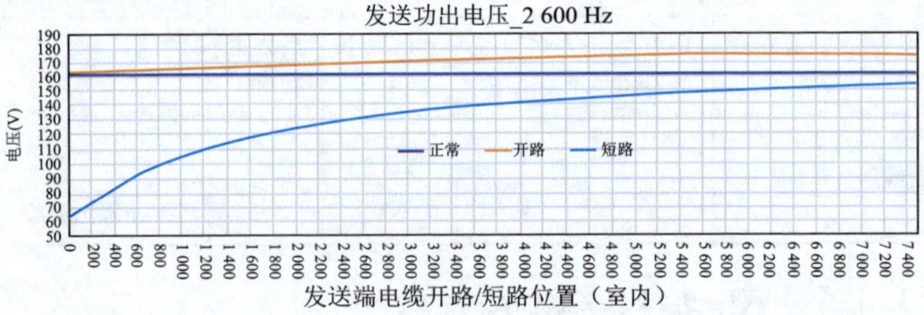

图 5-6　发送电缆在不同位置开路和短路的功出电压曲线变化

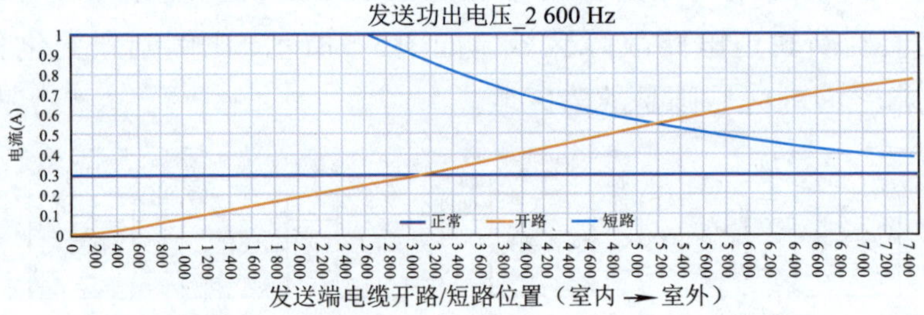

图 5-7　发送电缆在不同位置开路和短路的功出电流曲线变化

短路故障功出电压降低，电流升高。

（3）改方电压法

调谐匹配单元中的4 700 μF电容故障率相对较高，而且具有劣化不宜发现的特点。电容位置如图5-8所示。

在天窗点内对上、下行线路进行改方试验，改方后保持30 min，通过集中监测系统观测各接收端主轨出电压曲线是否缓慢下降，一般主轨出电压曲线下降幅度超过10 mV时，即可判断ZPW-2000A型轨道电路室外调谐匹配单元中4 700 μF电容特性劣化。曲线如图5-9所示。

步骤1：将正方向电路改为反方向后，持续观测30 min，主轨出电压曲线缓慢下降（下降幅度受室外4 700 μF电解电容容值劣化程度影响，当容值衰减严重时，会导致轨道电路红光带），一般主轨出

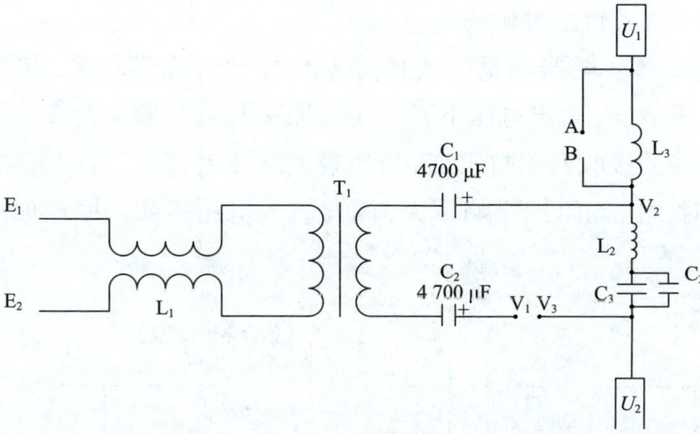

图 5-8　调谐匹配单元中的 4 700 μF 电容位置

电压曲线下降幅度超过 10 mV 时，即可判断为该“正方向室外发送端”调谐匹配单元内 4 700 μF 电解电容劣化。

步骤 2：再将方向电路从反方向改回正方向后，持续观测 30 min，主轨出电压曲线缓慢下降（下降幅度受室外 4 700 μF 电解电容容值劣化程度影响），一般主轨电压曲线下降幅度超过 10 mV 时，即可判断为“正方向室外接收端”调谐匹配单元内 4 700 μF 电解电容劣化。

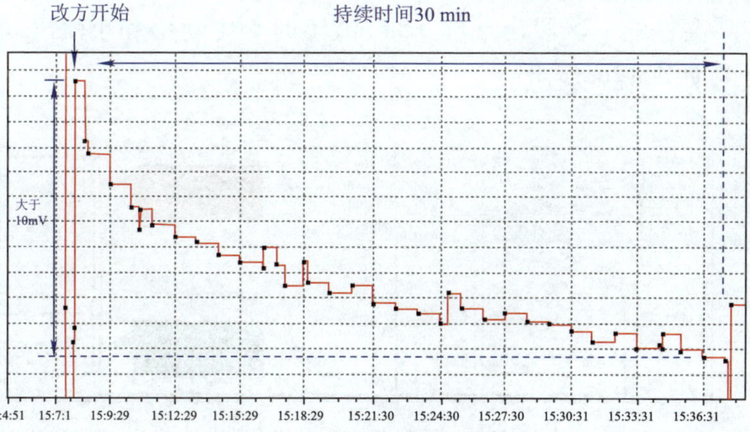

图 5-9　接收端主轨出电压曲线

（4）轨入轨出对比法

接收端衰耗器调整配线接触不良导致红光带故障，其特征是轨入电压不变，轨出电压下降。主要原理是衰耗器内调整变压器Ⅱ次侧连接的接收器阻抗很高，当出现断线或者接触不良时仍然是高阻抗，对Ⅰ次侧阻抗影响不大，因此轨入电压不变。原理如图5-10所示。

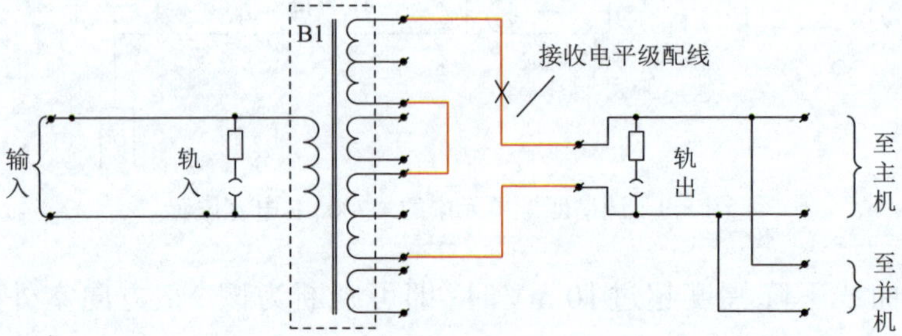

图5-10　轨入轨出对比法原理图

二、故障案例

（一）案例1

某高铁的一区段出现红光带，故障时刻主轨出和小轨出同时下降为0，如图5-11所示。

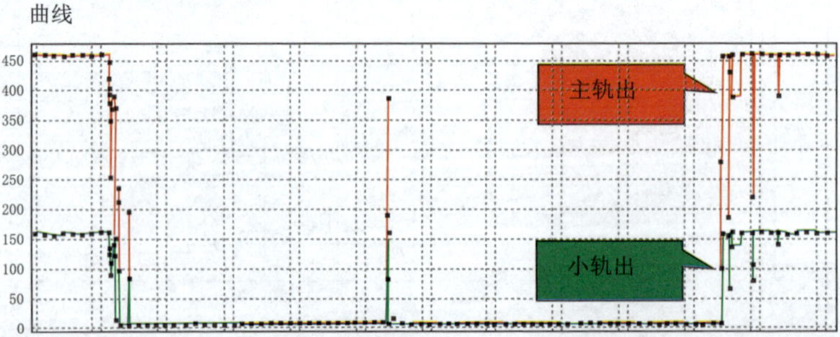

图5-11　故障时刻主轨出和小轨曲线

相邻的前方和后方区段主轨出无变化，如图5-12所示。

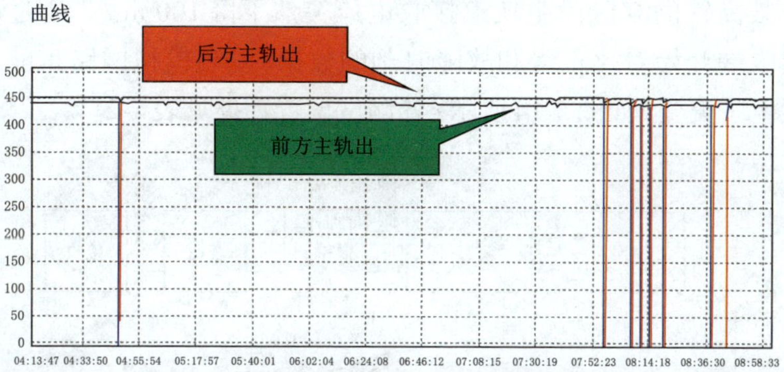

图5-12　相邻的前方和后方区段主轨出曲线

故障区段功出电流由314 mA降低至305 mA（图5-13）。

根据主轨道和小轨道电压同时下降，且相邻区段主轨道电压不变，可以判断故障在接收端通道。而功出电流降低，说明接收端距离钢轨较近的位置出现了短路故障。其他的接收端通道故障不会导致功出电流变化。

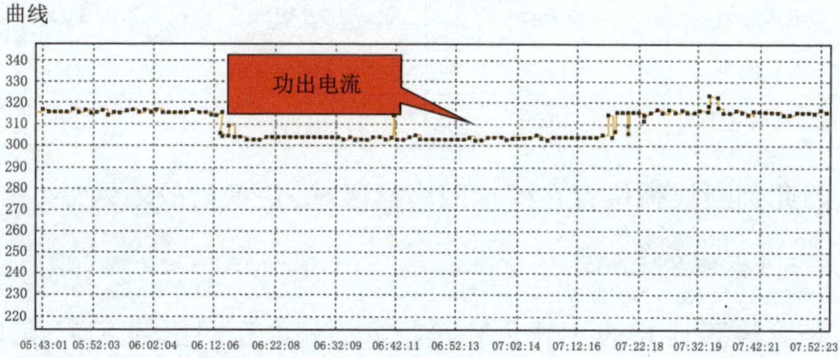

图5-13　故障区段功出电流曲线

经现场调查，为接收端分支电缆破皮发生瞬时短路故障导致红光带。

（二）案例2

某高铁的某区段主轨道接收电压突然下降100 mV。通过从室内接收端开始对比正常和故障时刻的数据，发现模拟网路盘前后比例发生了突变，如图5-14所示，各测试位置数据见表5-2。

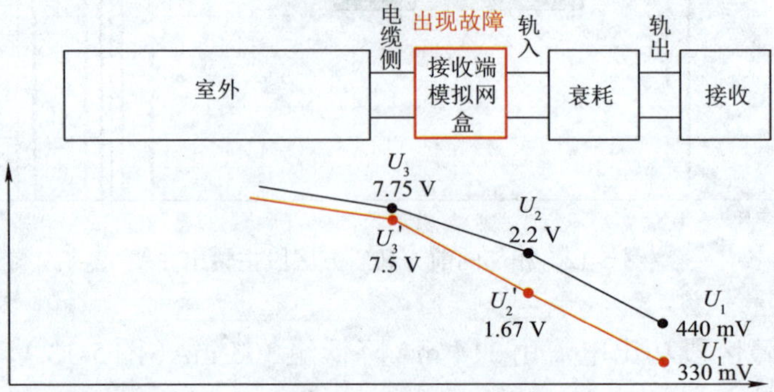

图5-14 接收端模拟网络故障判断原理图

表5-2 各测试位置数据表

测试位置	正常数据	恢复后数据	下降比例
接收端电缆侧电压	7.75 V	7.5 V	3.2%
接收端设备侧电压	2.2 V	1.67 V	24%
接收端轨出电压	440 mV	330 mV	25%

因此判断故障位置在模拟网络盘区域，更换后故障恢复。

（三）案例3

曲线特征1：接收主轨出和接收电缆侧电压同比例下降，可以排除接收端室内故障（图5-15）。

曲线特征2：发送功出电压上升、发送端模拟网络盘电压上升，判断应该是室外开路故障（5-16）。

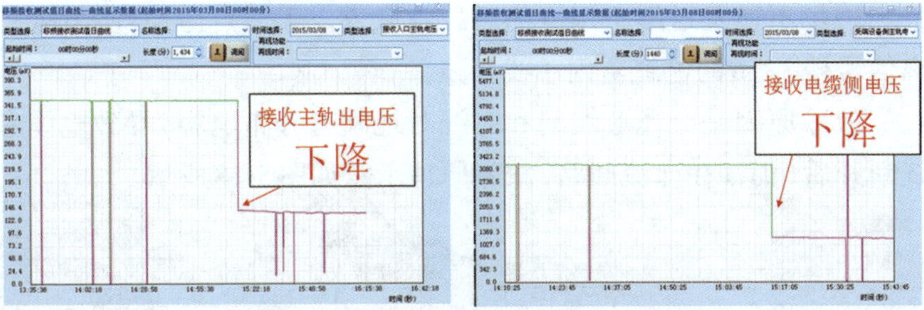

图 5-15　接收主轨出和接收电缆侧电压曲线

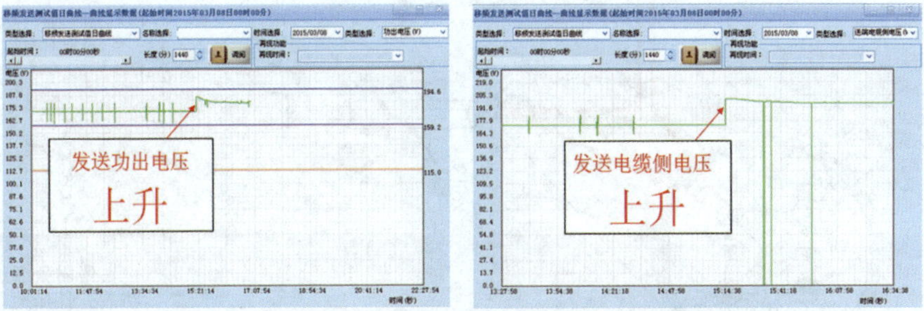

图 5-16　发送功出电压和发送端模拟网络盘电压曲线

曲线特征 3：发送功出电流从 457 mA 下降至 427 mA，判断应是发送电缆中间部分开路（图 5-17）。

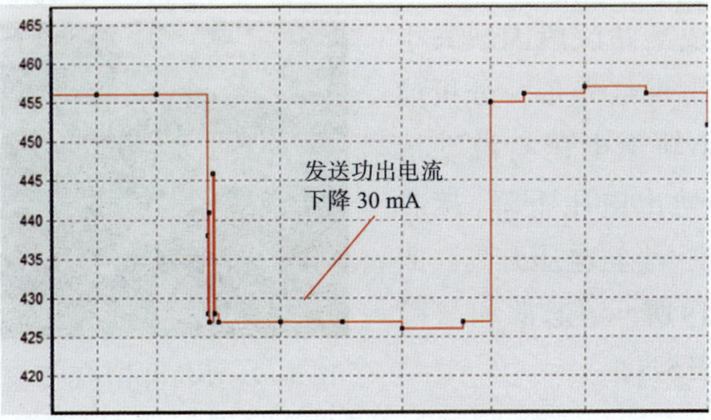

图 5-17　发送功出电流曲线

现场更换发送端备用电缆后故障恢复。天窗点内检查，发现距离信号楼3 km的电缆盒内芯线开路。

故障原因是电缆芯线间和芯线对地间有分布电容，导致电缆芯线断开后，仍存在电流回路，故障原理示意如图5-18所示。

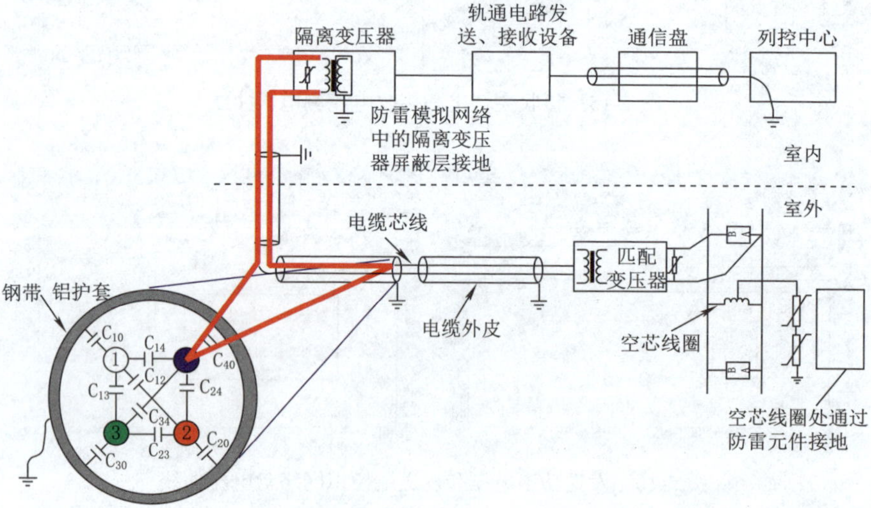

图5-18 故障原理示意图

（四）案例4

普速线某站区段因缺失小轨道条件出现红光带。分析前方区段，小轨道电压有波动情况，主、小轨出电压下降，接收端设备侧主、小轨电压升高。曲线如图5-19所示，正常和故障时电压见表5-3。

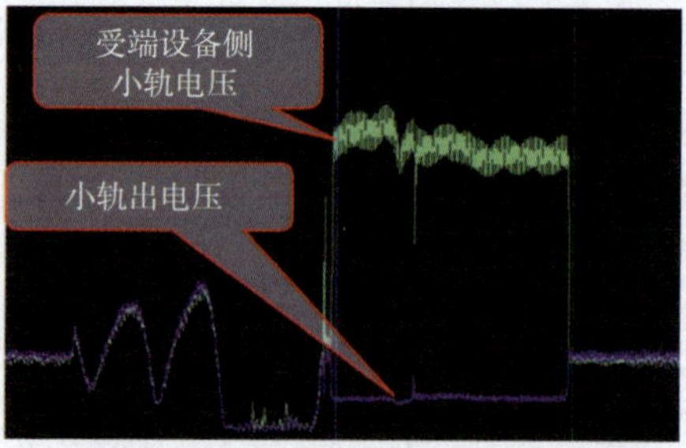

图5-19 小轨出电压和手段设备侧小轨电压曲线

表 5-3　正常和故障时电压测试表

正常时测试值		故障时测试值	
接收端设备侧小轨电压	小轨出	接收端设备侧小轨电压	小轨出
143 mV	150 mV	600 mV	72 mV

由以上信息判断故障点位于接收端模拟网络盘至衰耗器之间。

用ME-2000P对QFJ中接点和后接点间进行电压采集，中接点（室外侧）电压升高，后接点（室内侧）电压降低现象，可判断该继电器第7、8组接点的中、后接点接触电阻变大造成轨道电路信号电压降低。

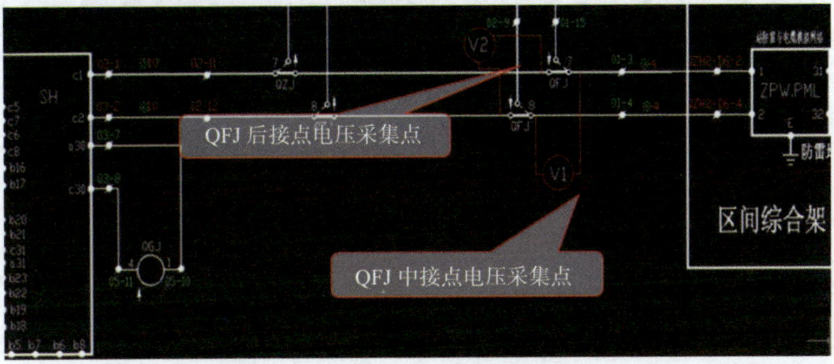

图 5-20　QFJ 中接点和后接点间电压采集示意图

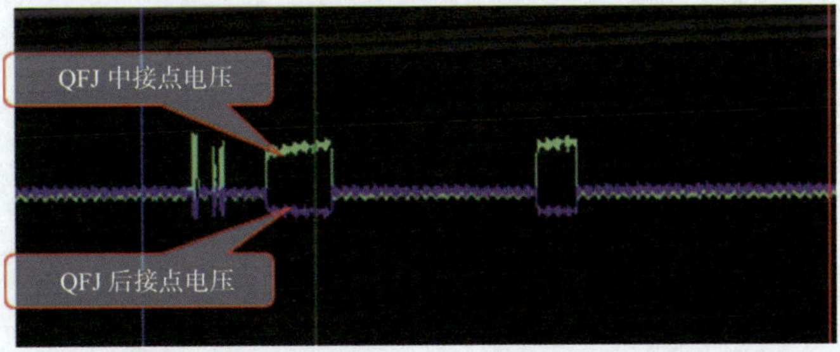

图 5-21　QFJ 中接点和后接点间电压曲线

更换该区段QFJ后故障再未发生。

（五）案例5

某站出现红光带故障，故障时区段出主轨出电压波动变化外，其他各点电压均不发生变化。

根据故障前后各点电压的变化比例关系，判断故障点位于接收端通道内的衰耗器至接收器间。对衰耗器至接收器间的配线进行检查，发现主轨接收电平配线存在虚接情况，实物如图5-22所示。

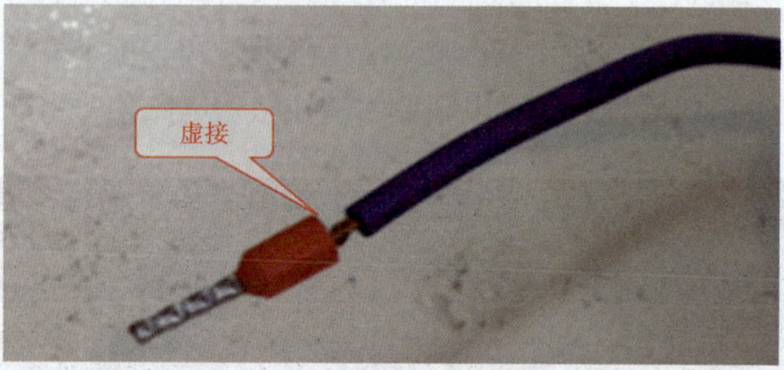

图5-22　配线虚接实物图

衰耗器入口阻抗较低，主轨出电平等级配线断线不影响轨入信号。

主轨出电平等级配线接触不良导致主并接收器同时出现信号缺失。

第六章　雷击故障分析与处理

雷电电磁脉冲是雷击导线或电气、电子设备附近时，由静电和电磁感应在导线或电气、电子设备上形成的“瞬态过电压”，是雷击的二次效应。发生在距电气电子系统设备1 km以内的云间放电和云地放电都可能在计算机信息系统内部感应出可能导致设备失效的过电压。与电气电子系统相连的金属导线被感应上雷电电磁脉冲过电压时，雷电电磁脉冲过电压将沿导线以行波方式向两方向传播，传递到电气电子设备上（这部分雷电称为“传导雷”），造成设备失效。

直击雷发生的概率极低。同时雷电不可能直接击中室内电气电子设备。而雷电电磁脉冲“瞬态过电压”发生的概率就大多了。因为只要直击雷发生，在闪电周围会感应出电场和磁场，该磁场内的金属物体，会被感应出感应电流和感应电压。远方雷击产生的雷电电磁场都是电气电子设备造成潜在的威胁，因此室内的电气电子设备防护的重点是雷电电磁脉冲瞬态过电压而不是直击雷。

电气电子设备上出现的雷击过电压是瞬态过电压的一种，所谓“瞬态过电压”，是指在两个或两个以上的导体间测得的电压在微秒（百万分之一秒）到几毫秒（千分之一秒）的时间内从几伏突然增加到几千伏急剧增加。人们习惯将这种电压的急剧增加比喻为“浪涌”，因此许多资料将“瞬态过电压”称为“浪涌过电压”，简称“浪涌”或“电涌”。

首先，必须了解纵向和横向这两个概念。

一、基本概念

电压电流的变化通过导线传输时有二种形态,称作纵向(又叫“共模”)和横向(又叫”差模”)。设备的电源线,电话等的通信线,与其他设备或外围设备相互交换的通信线路,至少有两根导线,这两根导线作为往返线路输送电力或信号。但在这两根导线之外通常还有第三导体,这就是"地线"。干扰电压和电流分为两种:一种是两根导线分别作为往返线路传输,另一种是两根导线做去路,地线做返回路传输。前者的线对地电压U_{L1}和U_{L2}叫“纵向电压”也叫“共模电压”,后者的线间电压U_{12}叫“差模电压”也叫“横向电压”。雷电电磁脉冲干扰,无论是静电干扰过电压还是电磁干扰过电压,都是经两根导线做去回路,地线做返回路传输的。

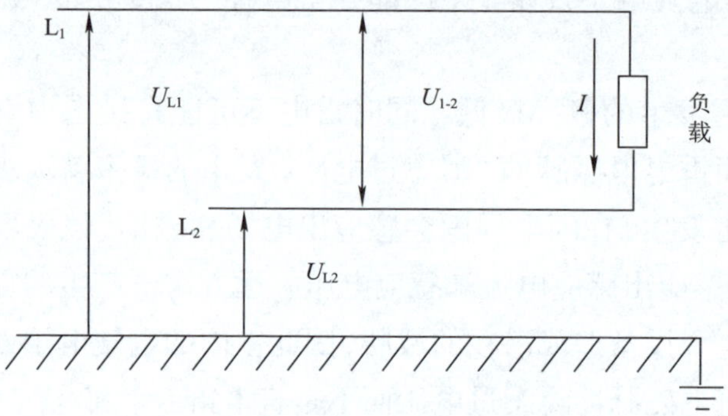

图 6-1 共模和差模电压原理图

共模(纵向)信号是大小相等,方向相同的信号。差模(横向)信号是大小相等,方向相反的信号。共模信号,在电路中没有回流,以分布电容共同作用于大地,信号相位相同。差模信号,在电路中有回流,如果说两根线上存在差模信号,那么信号是以X轴对称的,通俗的说,两根导线上的差模信号矢量和为零,共模的矢量和增加。

那么,可以容易的理解纵向过电压和横向过电压。

纵向过电压：平衡线路某点出现的对地过电压，也叫共模过电压。

横向过电压：平衡线路线与线之间或不平衡线路的线对地之间出现的过电压（连接电子设备的同轴电缆，横向过电压就是纵向过电压），也叫差模过电压。

二、处理思路

轨道电路雷击故障绝大多数为过电压对设备绝缘的破坏，最终导致设备短路或开路引发故障。分析步骤如下：

1.雷电入侵路径分析

（1）故障设备仅为室内设备

雷电是大自然产生的一种电磁波，一定是由外部电磁导体引入室内，机械室与外部存在三类接口：

①信号传输端口：室外电缆或通信线缆引入；

②电源端口：室外供电线缆引入；

③地网：设备接地的地网电位有抬升，引起的“地反击”。

（2）故障设备仅为轨旁设备

电气化铁路条件下，轨道电路在接触网和接触网支柱的保护下不会遭受直击雷，只有当接触网或其支柱被雷击中后，雷电流会通过贯通地线引入轨道电路中，瞬时电位抬升引起电缆或调谐匹配设备绝缘损坏。

（3）故障设备室内和室外设备均存在

此类故障多为室外电缆引入过电压导致。

2.过电压导致的放电对象分析

再次强调雷电是一种电磁波，其破坏路径一定遵循电磁波传输原理，轨道电路中主要体现其电的特性，同时兼顾其高频特性，即需要考虑耦合电容和电感的影响。这就要求在分析放电对象时，需要综合考虑附近各类相关电气设备的影响，如线缆间的耦合。同时，放电即意味着存在电位差，雷电的破坏都是由于存在电位差引起的绝缘损坏，因此，放电对象可分为两类：一是横向，即线间或设备间的放电；二是纵向，即设备与大地间的放电。轨道电路作为平衡传输系统，横向放电情况较少，纵向对地的故障较多。纵向故障分析时关键是找到“大地”在哪里，绝缘损坏位置往往是放电的电气通路。

三、故障案例

（一）案例1

某站2820G红光带故障。轨道电路接收端模拟网络盘故障，室外有源应答器损坏。

1.查找雷电入侵路径和寻找各设备与“大地”关系

（1）机械室室内接地设置

现场调查发现，室内接地存在两个问题：一是电缆的二次成端的金属外皮属于脏线，错误地接在屏蔽接地排上，机柜上内屏蔽电缆的内屏蔽及机柜外壳的接地线也接在屏蔽接地排上，室外脏线与室内净线的接地点共同接在同一个接地排上；二是室内的接地汇集箱只有一个，屏蔽接地排和防雷接地排均通过该汇集箱与环形地网相连，这两个问题增加了雷击故障的隐患，如图6-2所示。

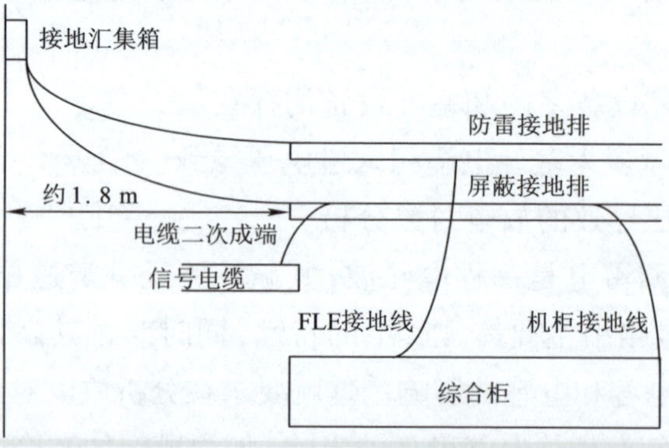

图6-2　机械室室内接地设置

现场实际地线布置如图6-3所示。

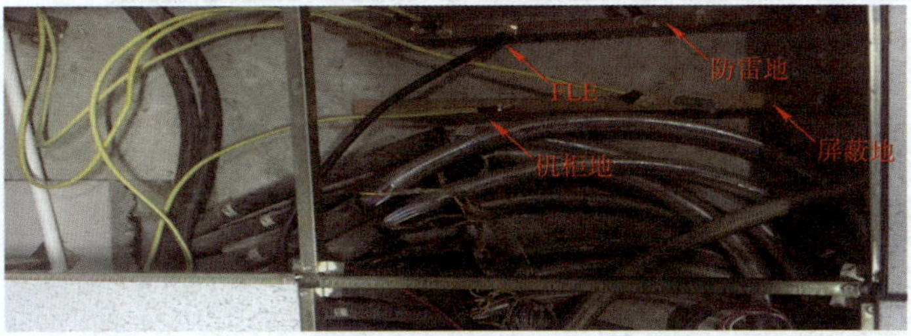

图6-3　现场实际地线布置图

现场二次成端信号电缆内屏蔽地线如图6-4所示。

图6-4　二次成端信号电缆内屏蔽地线现场图

注：关于二次成端，钢带、铝护套断开，接入室内预留的电缆屏蔽接地汇流排（不得接入DLE或FLE），电缆四芯组绝缘保护层不得剥除；电缆四芯组内屏蔽层在移频综合柜引入口处用双根1.5 mm^2扁平网与预留的FLE连接，FLE就近与等电位汇集线连接。

（2）室外接地设置

如图6-5所示，室外信号电缆的电缆外皮与相邻的接地接触网杆塔的共同采用一个贯通地线接地点，换而言之，接触网杆塔与信号电缆外皮等电位相连。

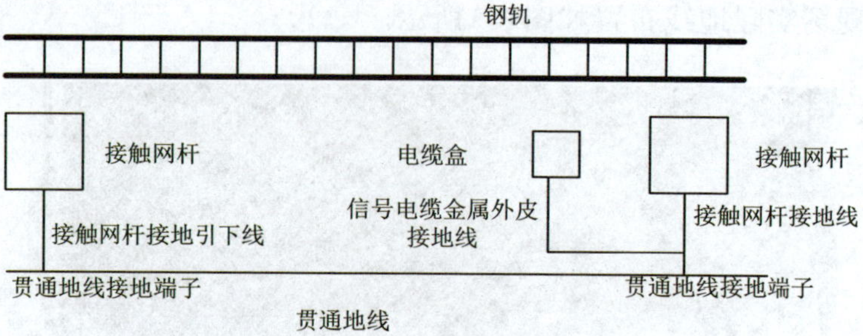

图 6-5　接触网杆塔与信号电缆外皮等电位相连示意图

室外应答器电缆外皮接地情况如图6-6所示，室外轨道电路电缆外皮接地情况如图6-7所示。

图 6-6　室外应答器电缆外皮接地情况现场图

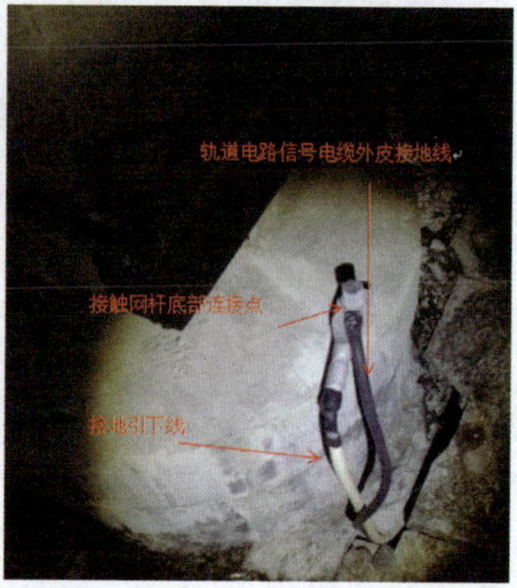

图 6-7　室外轨道电路电缆外皮接地情况现场图

2. 对放电对象分析

通过对模拟网络盘检查，发现模拟网络盘的29、30端子被焊锡相连，导致电缆进线端子横向短路。如图6-8所示。

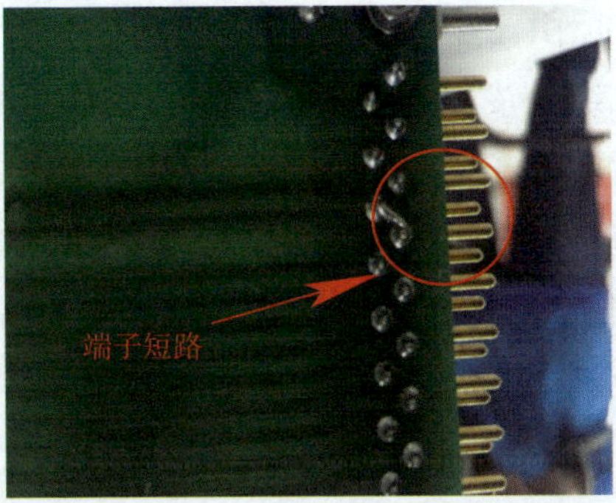

图 6-8　模拟网络盘进线端子横向短路现场图

3. 故障原因分析

轨道电路模拟网络盘故障点是29、30端子由于焊锡材料导致的短接造成系统红光带，焊锡短接的直接因素是由于端子放电产生大量的热导致过量焊锡重新熔化连接两个端子。

轨道电路模拟网络盘雷击情况主要分为共模雷电入侵和差模雷电入侵，根据模拟网络结构，29、30端子位于轨道电路横向防雷模块后侧，是室外电缆侧接线端子，当差模雷电入侵系统时，防雷模块会动作，保护后级设备，该模拟网络盘防雷模块并没有发生裂化情况。因此应为纵向雷电导致的端子放电。模拟网络盘雷击通路原理如图6-9所示。

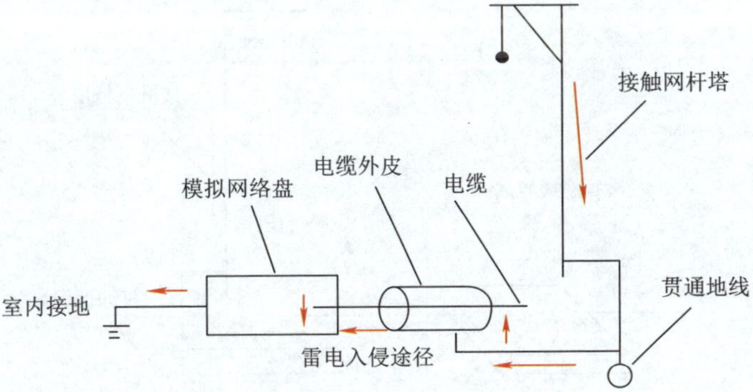

图 6-9　模拟网络盘雷击通路原理图

由图6-10可知，由于电缆外皮与接触网杆的等电位连接，雷电导致电缆接续盒处电缆外皮高电位，通过耦合作用在电缆芯线处，通过传导到模拟网络盘后端端子，模网外壳接地，模网端子与外壳之间存在高电位差，30端子和外壳之间放电，由于30端子和29端子上存在过量的焊锡，导致焊锡熔化，搭接在29端子上，导致29、30端子短接。

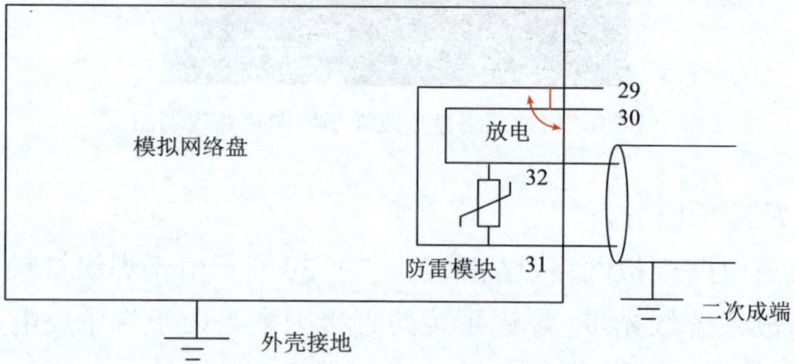

图6-10　导致29、30端子短接原理图

如图6-11所示，当雷电击中接触网杆塔，雷电流随着接触网杆塔的金属结构向下传导，由于有源应答器的电缆外皮与接触网杆塔的接地点等电位，雷电流耦合到有源应答器的信号电缆芯线上，造成有源应答器的通信口与外壳放电，应答器故障。

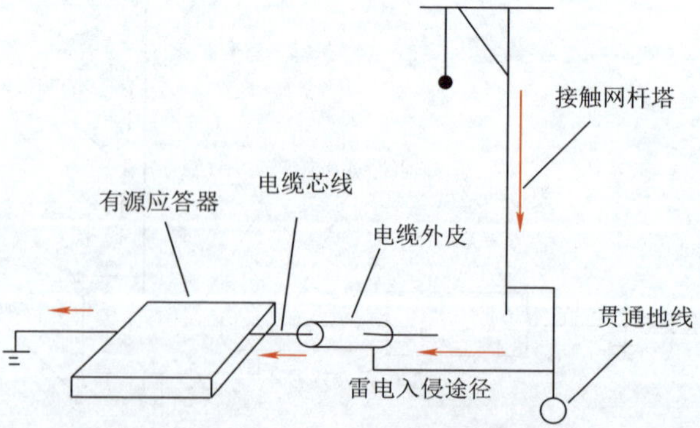

图6-11　应答器故障原理图

综上，由于接触网杆塔与轨旁信号设备距离过近、室内“脏线”与“净线”未按要求分开，导致雷电沿地线侵入室内和轨旁设备。

（二）案例2

某站下行区间21911AG红光带。该次直击雷造成21911AG受端调谐匹配单元损坏、21911AG电缆芯线断线。同时，该次雷击造成故障区段所在接触网区间跳闸。

1. 入侵路径分析——均为轨旁设备损坏

21911AG受端PT中E1、E2万可端子有明显灼烧痕迹，其底部钢板（该钢板与钢轨引接线为一体）有熔融痕迹，如图6-12所示。放电位置如图6-13所示。

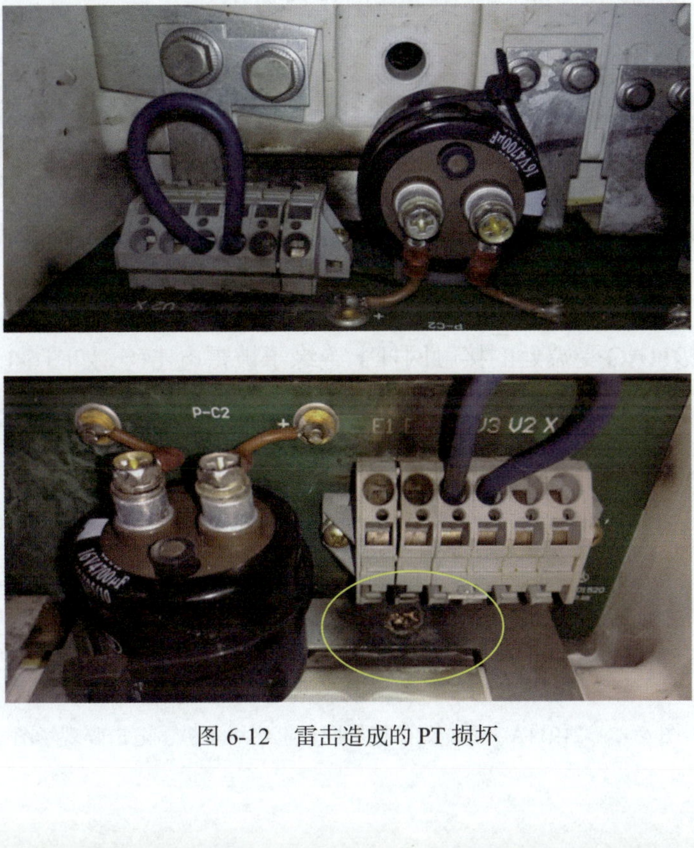

图6-12 雷击造成的PT损坏

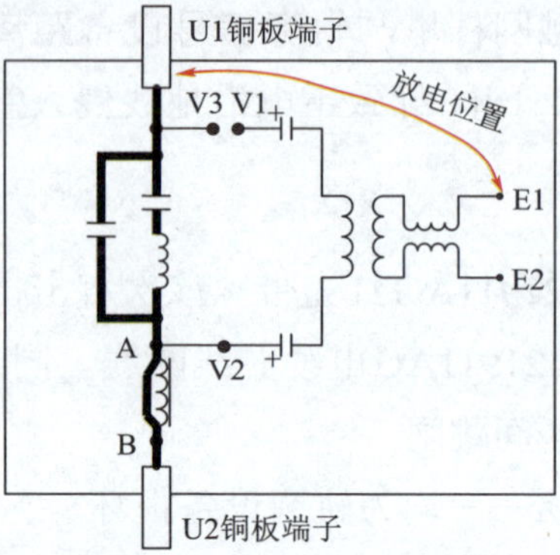

图 6-13 放电位置示意图

21911AG受端PT中E1、E2端的电缆芯线端部被灼伤，同时该区段电缆出现芯线断线情况，如图6-14所示。

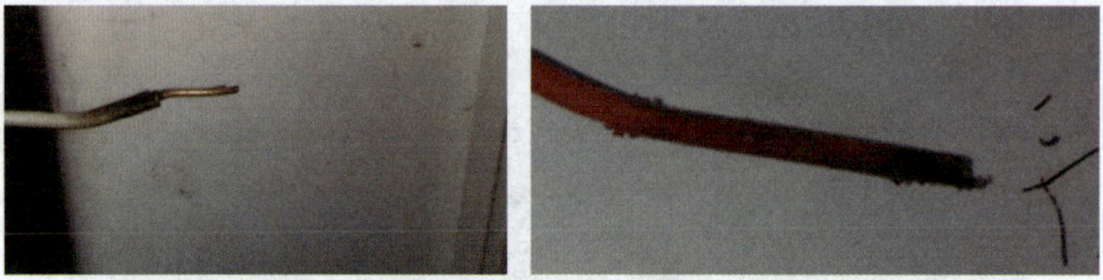

图 6-14 电缆芯线端部灼伤、电缆出现芯线断线情况现场图

21911AG受端处的接触网杆上绝缘子被雷电击碎，如图6-15所示。

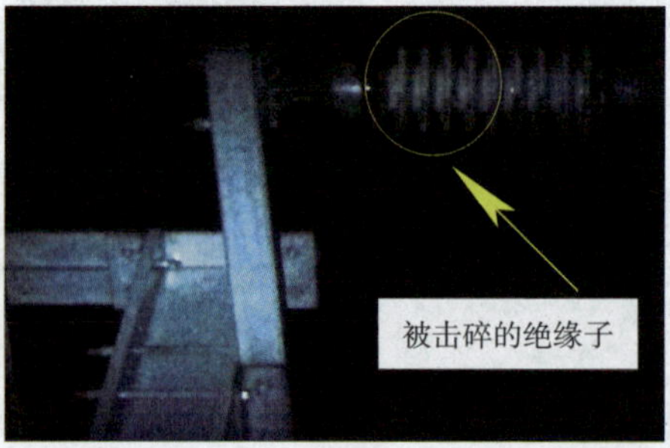

图 6-15 21911AG 受端处的接触网杆上绝缘子被雷电击碎现场图

2. 放电对象分析

21911AG受端PT位于桥头路基地段，且位于遭受雷击的接触杆的底部，强雷电流引起信号设备地电位抬升，从而产生绝缘损坏，如图6-16所示。

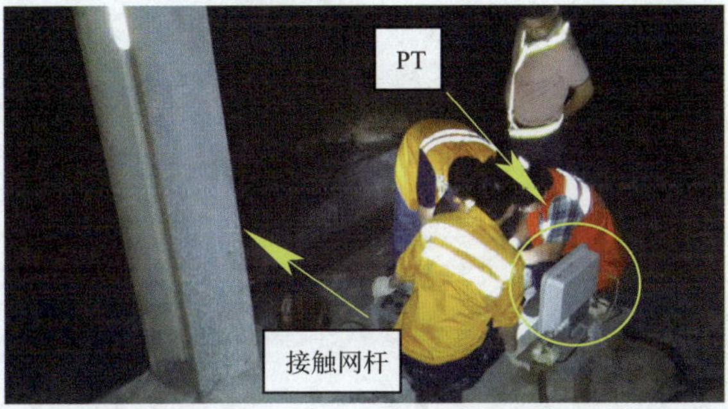

图6-16 产生绝缘损坏原因现场图

3. 原因分析

本次雷击故障原因分析如下：接触网杆遭受直击雷后，该处地电位升高，即电缆外皮上产生高电位，因此，电缆外皮与电缆芯线存在非常大的电位差造成绝缘层被击穿，雷电信号引入电缆芯线后进入PT，造成PT中E1、E2端子对钢轨侧设备放电，雷电信号经钢轨传输至远端较低地电位后泄放，如图6-17所示。

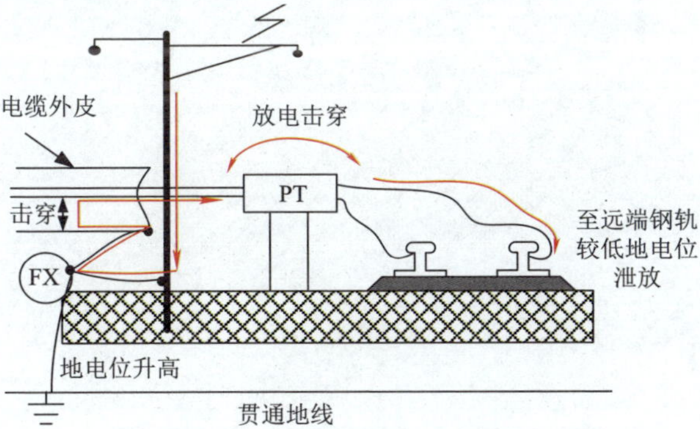

图6-17 本次雷击故障原因原理图